LA
PISCIFACTURE MARINE

LA
PISCIFACTURE MARINE

PAR

M. le Dr Marcel BAUDOUIN

(De Croix-de-Vie, Vendée),

CHARGÉ DE MISSION AUX ÉTATS-UNIS,

RÉDACTEUR EN CHEF DE LA « REVUE DES SCIENCES NATURELLES DE L'OUEST »

(PÊCHES MARITIMES, AQUICULTURE, ETC.),

DIRECTEUR DE L' « INSTITUT INTERNATIONAL DE BIBLIOGRAPHIE SCIENTIFIQUE » DE PARIS,

SECRÉTAIRE GÉNÉRAL ADJOINT DU « CONGRÈS INTERNATIONAL DES PÊCHES MARITIMES »

DES SABLES-D'OLONNE, SEPTEMBRE 1896.

Avec 29 Figures dans le texte.

PARIS

INSTITUT INTERNATIONAL DE BIBLIOGRAPHIE SCIENTIFIQUE

14, BOULEVARD SAINT-GERMAIN, 14

1897

INTRODUCTION

Il est certain que l'idée de la *fabrication des animaux marins co-mestibles*, et en particulier des espèces de poissons vivant sur le littoral océanique, est une conception de date très récente. Elle s'est présentée pourtant assez vite à l'esprit du naturaliste qui, sûr de ses connaissances en zoologie pélagique et en pisciculture d'eau douce, a pu, vivant au milieu des gens de mer, se rendre un compte exact de l'importance économique de la diminution croissante du nombre des poissons pêchés dans l'ancien et le nouveau monde.

N'ayant point à rechercher ici les raisons de cette décrudescence dans les rendements de la pêche maritime, je ne m'attarderai pas à montrer qu'ils ont de grandes chances de se tromper ceux qui prétendent que la quantité de poissons de mer capturée est facteur exclusif du chalutage intensif. Je dois signaler, par contre, la cause qui aujourd'hui est regardée, par les biologistes les plus compétents, comme la plus importante, à savoir la destruction abusive des animaux *grainés*, pris avant qu'ils n'aient d'abord pondu, car c'est elle qui a été le véritable point de départ des curieuses recherches sur la Piscifacture marine.

Il n'y a pas, cependant, trop à récriminer contre cette tendance des pêcheurs. La disparition des reproducteurs, dans de telles conditions, n'est en effet que la conséquence évidente du progrès lui-même et du développement, chaque jour plus marqué, de l'industrie des pêches maritimes. Par suite, chercher à l'enrayer dans une trop large mesure serait aller à l'encontre des intérêts des marins et des pêcheries elles-mêmes. Raisonnablement, on ne saurait demander à ceux qui vivent de la mer, et sur lesquels nous devons compter pour le recrutement de notre flotte, de se sacrifier sans la moindre compensation.

Il faut, cela n'est pas douteux, chercher aux maux dont on se plaint sur nos côtes un autre remède que la surveillance à la mer de la cap-

ture des animaux ou la défense du débit sur le marché de types grainés ou de trop petite taille. D'ailleurs de telles mesures sont vraiment
impraticables. Comment empêcher le filet de ramener à bord des poissons au-dessous des dimensions réglementaires, des animaux pour-
vus encore de tous leurs œufs? Et, à supposer qu'à terre on interdise
aux pêcheurs la vente du poisson trop petit ou trop grainé (ce qui
serait la cause de contestations perpétuelles et de disputés pouvant
devenir graves), on ne pourrait pas rendre intacts aux eaux marines
les œufs et le petit poisson, que le chalut aurait amenés sur le pont et
le bateau à quai. Il semblera donc, à tous ceux qui connaissent les choses de la mer, qu'il est parfaitement illusoire de légiférer sur ce point.

On a songé un moment à interdire la pêche au niveau des frayères
pendant la période d'éclosion des jeunes. Mais, quand on a
voulu mettre en pratique cette donnée un peu trop théorique, on s'est
aperçu tout à coup que des naturalistes comme Mac Intosh, Prince,
Fulton, etc., avaient étudié la question de près et que, d'après eux, les
frayères ne sont généralement pas situées dans les eaux littorales.

La plupart, en effet, des poissons comestibles pondent *au large*, et
non à la côte ; et leurs œufs, *flottant sur l'eau*, ne se déposent pas
sur les fonds de pêche. C'est par les courants, en grande partie sous
l'influence des agents atmosphériques, que les alevins et les jeunes
sont amenés plus tard sur le littoral. Par suite, ces frayères se trouvent hors des limites où les nations peuvent exercer la police de la
mer. D'où, en somme, impossibilité de protéger ces frayères (qui
peut-être n'existent pas en réalité au sens où on l'entend d'ordinaire),
à moins de reculer à plus de trois milles cette limite : problème diplo-
matique, qui, s'il est jamais posé, ne sera pas de sitôt résolu.

Ces quelques remarques, qui étaient nécessaires, montrent que
là, comme pour bien d'autres questions d'économie politique, le
système protectioniste ne saurait être qu'un pis aller. En France, où
le progrès, s'il marche avec prudence, ne s'avance qu'à pas lents, on
n'a pourtant adopté jusqu'ici que ce système de défense. On s'est
arrêté, avec une prédilection non déguisée, à cette opportuniste solution, si bien d'accord avec les tendances de nos multiples administra-
tions. Aussi, malgré les plaintes, parfois amères, de savants distingués,
tels que MM. Giard (1), Canu (2), Roché (3), etc., — pour ne citer que

(1) Giard et Roussin. — *Rapport au Ministre de la Marine sur le repeuplement des Eaux
Maritimes ;* in *Journal Officiel*, 1888, Paris, numéros du 4 et du 6 août.
(2) Canu (E.). — *Notes sur la Pisciculture et son application rationnelle aux côtes françaises de
la Manche.* — Tiré à part, in-4°, des *Annales de la Station aquicole de Boulogne-sur-Mer*,
1894, vol. II, p. 38-62.
(3) Roché (G.)— *L'industrie française des Pêches maritimes:* in *Rev. gén. des Sc.* 15 février 1895.

les plus connus, — a-t-on suivi chez nous les anciens errements des Ecossais et s'est-on lancé dans la voie des cantonnements pour la protection des espèces littorales. Personnellement, j'ai toujours protesté contre ces tendances ; mais les échos de ma faible voix n'ont jamais pu monter des feuilles politiques aux étages de la rue Royale.

Par contre, à l'étranger, où les moyens les plus radicaux n'effraient pas parfois les hommes les plus posés, on a eu recours, il y aura vingt ans bientôt, à la solution qu'indiquaient les récents progrès de la Science, à la solution de l'avenir certainement.

On a tenu le raisonnement suivant, qui est fort simple Pour vivre, nous sommes obligés d'avoir des pêcheurs chargés de détruire des poissons, qui auraient donné chaque année des milliards de descendants. Eh bien, si nous voulons continuer à en manger, — tout en assurant l'existence des marins, dont nous aurons besoin un jour, — il est prudent de *ne consommer que les adultes seuls* et de ne pas dévorer dans l'œuf leur progéniture.

Puisque l'œuf a été fabriqué par le reproducteur, gardons-nous de le faire disparaître, avant qu'il ne soit devenu grand ; récoltons-le, faisons-le éclore, élevons-le si c'est possible, ou remettons-le en tous cas à l'eau, où il pourra se développer, et où nous n'aurons plus qu'à l'aller chercher à nouveau, quand le besoin s'en fera sentir.

C'est là tout le secret de ce qu'on appelle aujourd'hui, d'un terme nouveau, très expressif, la Piscifacture marine. Et on n'a eu, pour faire passer cette notion du laboratoire à la pratique, qu'à appliquer à l'eau de mer les idées de nos pisciculteurs d'eau douce, que personne n'ignore depuis les immortels travaux de Coste et de ses successeurs, en France et à l'étranger. J'ajoute qu'une appréciation aussi nette des choses ne pouvait germer que dans des cerveaux américains. C'est en effet aux Etats-Unis que les premiers essais pratiques de piscifacture marine ont vu le jour et ont complètement réussi.

A son retour de Chicago, en 1894, M. H. de Varigny (1) écrivait :

« Les Américains, à juste titre alarmés de la décroissance de plusieurs poissons dans leurs eaux, naguère si fécondes et si vives, ont entrepris de corriger l'influence dévastatrice de l'homme et d'appliquer les ressources de la pisciculture, jusqu'ici réservées aux espèces

---

(1) H. de Varigny. — *Les grandes pêches aux Etats-Unis. La morue et les tentatives de pisciculture qui s'y rattachent* ; in *Rev. Scient.*, Paris, 1894, 2, LIV, 297-304.

d'eau douce seules, aux espèces marines. C est une tentative hardie et grande, et ce peut être le signal d'une révolution dans les Pêches. »

J'ai moi-même, en 1893 (1), eu l'honneur d'être Délégué par le Gouvernement français à cette Exposition fameuse de Chicago, dont le souvenir est encore bien vivant dans l'esprit de tous ceux qui ont eu le bonheur de la visiter, et j'ai eu l'occasion, au cours d'un long voyage aux pays d'outre-mer, de me documenter sur place sur ce sujet intéressant entre tous, la Piscifacture marine.

Aussi voudrais-je tenter de faire passer en l'esprit de tous les hommes de progrès la conviction profonde qui m'anime. Je désirerais faire toucher du doigt la portée et l'avenir des remarquables efforts des savants et praticiens américains, qui dirigent, avec une autorité et une compétence très remarquées des biologistes de l'Europe entière, l'admirable service des Pêcheries maritimes de ce pays, patrie de l'initiative éclairée, audacieuse et féconde.

C'est en journaliste scientifique et en vulgarisateur modeste que j'ai abordé ce délicat problème ; et je tiens à répéter que la pratique de ces travaux de laboratoire m'est complètement étrangère. Mais, du moins, j'ai parcouru, — ce qui semblera extraordinaire pour un publiciste aux abois de la chronique à sensation —, les principaux mémoires consacrés en France et à l'étranger à ce sujet passionnant, et j'ai tout mis en œuvre pour obtenir des sources mêmes les renseignements les plus circonstanciés et les plus récents.

(1) Dans un rapport officiel sur les Pêcheries américaines à l'Exposition de Chicago, dû à M. le lieutenant de vaisseau Testu de Balincourt et à M. H. Giudicelli (*Bulletin des Pêches Maritimes* 1895, p. 161 ; 225 ; 289 ; 819), j'ai relevé le passage suivant : « Comme pisciculture, on est moins avancé aux Etats-Unis qu'on pourrait le supposer, et jusqu'ici on ne s'est occupé que du saumon, de la truite et des huîtres... Les documents font un peu défaut sur l'installation des laboratoires d'ichthyologie où l'on fait éclore les œufs de poisson. » Il me semble que les délégués officiels du Gouvernement français n'ont peut-être pas prêté une attention suffisante au Palais des Pêches. En tous cas, si, à l'Exposition de Chicago, il n'y avait absolument rien concernant la Piscifacture marine et émanant de Gloucester et de Wood's Holl, plusieurs établissements de pisciculture d'eaux douces avaient exposé leurs excellents appareils. Nous signalons particulièrement les expositions des Etats de Pensylvanie, de Minnesota et de Wisconsin. Les appareils de ces stations on fonctionné sous nos yeux, au Fischery Building et dans divers palais.

CONSIDÉRATIONS GÉNÉRALES SUR LA PISCIFACTURE MARINE.
HISTORIQUE DE LA PISCIFACTURE MARINE.

SOMMAIRE. — Ce qu'est la Piscifacture. — Opérations qui la constituent : 1° Piscifacture proprement dite ; 2° Elevage de l'alevin ou Pisciculture ; 3° Elevage du petit Poisson. — Nécessité actuelle du lançage à la mer des alevins fabriqués. — Avenir de l'élevage en vivier. — Premières tentatives expérimentales de Piscifacture des espèces marines par les Poissons anadromes. — Création de laboratoires de fabrication pour espèces de haute mer.

I. — Considérations Générales.

Le problème de la fabrication artificielle des animaux marins comestibles, et en particulier du poisson de mer, comprend la solution de plusieurs questions qu'il importe à tout prix de distinguer, pour éviter toute confusion. Et c'est précisément parce qu'ils ne se sont pas efforcés, dans leurs différentes publications, d'apporter sur ce point des éclaircissements suffisants, que les auteurs de revues critiques sur cet intéressant sujet n'ont pas réussi à attirer l'attention du grand public sur les tentatives faites à l'étranger et les résultats acquis jusqu'à présent.

Pour obtenir l'éclosion d'une espèce de poisson de haute mer, pour la mener à un développement complet, et pour rendre utilisable l'animal ainsi fabriqué, il faut procéder à une série d'opérations, dont les trois principales doivent être bien spécifiées.

1° La première consiste dans la FABRICATION DE L'ALEVIN, à l'aide d'œufs *capturés* par un procédé quelconque. C'est là la PISCIFACTURE proprement dite.

2° L'ELEVAGE DE L'ALEVIN *et sa transformation, en larve pourvue des organes indispensables à la vie*, constitue la seconde ; celle que nous appellerons la PISCICULTURE proprement dite.

3° Enfin, la troisième est l'ÉLEVAGE DU PETIT POISSON ainsi obtenu ; c'est la *transformation de l'état larvaire en objet marchand* ou ELEVAGE PROPREMENT DIT DU POISSON.

Disons-le de suite, pour ce qui est des espèces Marines du moins, la troisième de ces opérations n'a guère été exécutée qu'au point de vue scientifique, et encore dans des conditions restreintes et dans des circonstances spéciales. Elle n'a pas pu jusqu'ici entrer dans la pratique des piscifacteurs. Mais elle est sur le point de l'être. Et c'est là que gît actuellement la seule lacune importante de la piscifacture pratique en eaux salées, évidemment encore dans l'enfance pour cette étape spéciale. Quand ce pas sera fait, — et il le sera bientôt, nous n'en doutons pas un instant —, une des questions les plus importantes touchant les pêches maritimes sera résolue d'une façon définitive.

Les deux premières, au contraire, sont aussi connues désormais des savants et des hommes de l'art, des piscifacteurs professionnels, que s'il s'agissait d'espèces d'eaux douces. La Science est faite sur ce point, et les Gouvernements peuvent dès aujourd'hui profiter de ces remarquables recherches. L'expérience a parlé. Aucun doute ne peut subsister.

Mais, puisque depuis près de vingt ans déjà, on fabrique en grand le poisson de mer, comment, en attendant, a-t-on pu tourner la difficulté résultant de l'impossibilité actuelle de procéder à la troisième opération: l'*Élevage du Poisson?* On y est parvenu, en se rappelant seulement ce qui se passe dans la nature, au sein des eaux marines, où, à un moment donné, une grande quantité de larves viennent à éclore. On s'est efforcé de replacer, dans des conditions identiques, les alevins obtenus au laboratoire et qu'on se déclare, encore aujourd'hui, incapable de mener en vivier, d'une façon réellement pratique et commerciale, à un complet développement. On a remplacé l'*Élevage à terre* ou *à la côte, en vivier*, par la REMISE A LA MER OU LANÇAGE des alevins obtenus dans les piscifactures.

Ce n'est encore là évidemment qu'une solution opportuniste du problème posé. Evidemment, elle vaut mieux que rien ; mais elle ne constitue pas la solution idéale, vers laquelle on doit tendre, et qui est déjà trouvée pour la pisciculture en eaux douces.

Ce procédé de *lançage des alevins* à la mer a en outre un inconvénient majeur : il empêche à tout jamais la piscifacture marine de devenir une entreprise rémunératrice, partant une opération industrielle, susceptible d'être exploitée par l'initiative privée, comme pour les espèces d'eaux douces. Cette remise à l'océan des larves fabriquées ne pouvant être faite au bénéfice d'une personne donnée, la piscifacture en eaux salées ne peut, dans ces conditions, être tentée que par les Gouvernements des différents pays intéressés. Ce ne peut être, aujourd'hui du moins, qu'une *Opération d'Etat*, et les laboratoires de fabrication que des établissements fonctionnant sous le contrôle immédiat de l'Etat, et à l'aide de subsides provenant des ressources publiques.

Il nous semble donc à nous, amoureux du progrès, que ce n'est pas de ce côté que doivent se porter désormais les efforts des hommes de science, la solution actuelle n'étant qu'un pis aller. Une lacune réelle persiste, en dehors des travaux exécutés en Amérique, en Norwège et en Ecosse. dans la piscifacture marine. Eh bien ! c'est à nos savants de chercher à la combler. Il faut, suivant en cela les idées de M. Wemyss Fulton, le savant directeur de la station de Dunbar, et de M. John Murray, s'engager franchement dans la voie de *l'élevage à la côte en grands viviers*. Pour cela, bien entendu, il faut commencer par les types de poissons les plus robustes, les plus résistants aux intempéries saisonnières, par les espèces littorales surtout, en particulier les Pleuronectes, et ne pas oublier le Homard, ce Crustacé dont la facture est si facile aujourd'hui et qu'on sait déjà conserver en parc à l'état adulte.

Le problème scientifique qui se présente aujourd'hui aux biologistes piscifacteurs est donc très nettement posé. Il reste à trouver le moyen pratique de transformer en poisson marchand, à l'aide de très grands *viviers d'élevage* ad hoc, les larves obtenues dans les piscifactures. Nous sommes convaincu qu'on y parviendra (1).

II. — Historique.

Même à l'heure actuelle, beaucoup des meilleurs esprits regardent encore la fabrication des poissons de mer, et l'utilisation pratique des alevins ainsi obtenus, avec un septicisme qui n'est mitigé que par une légère teinte d'ironie ou tout au moins de pitié à l'égard de ceux qui s'occupent de ces tentatives hardies.

Vouloir repeupler les mers, alors que tout le monde répète que les poissons voyagent aux quatre coins des Océans, ce ne peut être que folie ! Et pareille idée ne semble encore à l'heure actuelle à beaucoup qu'une utopie, digne des plus grands réformateurs sociaux de notre époque, voir même une absurdité !

Et, pourtant, la pisciculture marine est loin d'être une invention récente ! Il y a trente ans, en 1866, un savant norvégien, dont le nom n'est pas ignoré des naturalistes français, O. Sars, ne craignait pas d'affirmer qu'il croyait à la possibilité de faire de la *morue,* cela tout simplement parce qu'il en avait fabriqué lui-même, et avec plus de facilité que s'il s'était agi de saumon. On ne l'écouta guère. N'est-ce pas d'ailleurs le sort commun à tous les novateurs ? On ne les comprend pas au moment où ils parlent. Puisque, répétait-on, la morue est un poisson migrateur, jamais la Piscifacture marine ne pourra donner des résultats pratiques sérieux !

(1) Par une information récente, nous avons appris que M. Harald Dannevig vient de réussir, à Dunbar, à conduire des alevins de *Plie* jusqu'au stade où ces alevins deviennent dissymétriques. C'est un nouveau succès à placer à côté de celui obtenu déjà à Flœdevig pour quelques larves de morue.

Il est bien certain que si les poissons dits migrateurs étaient réellement tels, au sens ancien du mot, la culture du poisson de mer et de la morue en particulier ne serait qu'un leurre. Autant jeter l'or à poignées dans le fond de l'Atlantique. Mais, en raisonnant ainsi, on n'avait — pardonnez-moi l'expression —, qu'oublié d'allumer sa lanterne. On admettait les migrations de la morue, sans les avoir d'abord démontrées.. Et, si elles n'existaient pas, rien n'empêchait dès lors de se mettre à l'œuvre !

En 1868, M. Léon Vidal (1) insistait déjà sur la difficulté d'élevage des alevins des espèces marines. Il faisait avec raison remarquer que leurs œufs sont en général très petits, que les larves sont presque microscopiques, et qu'il devait être très malaisé de les tenir captives Et il ajoutait, ignorant sans doute les résultats déjà obtenus par Sars, que si la fécondation était possible et si la piscifacture marine lui paraissait réalisable, l'élevage des alevins était absolument impraticable, en raison de leur extrême petitesse. Il ne croyait guère à l'avenir de la pisciculture en eaux salées. On répéta ces choses et resassa ces idées pendant dix ans en France, comme ailleurs, au lieu d'agir, et, en particulier, à l'occasion de l'Exposition de 1878 [Vaillant (2)].

Mieux que tous les raisonnements des plus grands philosophes, une petite expérience aurait fait bien mieux l'affaire. Elle manquait toujours ; et on se disputerait encore, si, en 1878, des citoyens américains, en hommes d'initiative, n'avaient attaqué le taureau par les cornes. Il y avait un moyen bien aisé de savoir si oui ou non les idées de Sars pouvaient mener à des résultats pratiques : c'était de s'en assurer, en tentant l'épreuve. Ce qui fut essayé, sous la direction d'une intelligence énergique, de M. Spencer Baird, récemment nommé Commissaire des Pêcheries américaines.

Mais on n'est pas passé directement de la pisciculture d'eaux douces à la piscifacture en eaux salées. Une intermédiaire était nécessaire ; et c'est encore les Américains qui l'ont trouvée. C'est peut être pour cela d'ailleurs qu'ultérieurement ils eurent l'audace et le courage, après cette première tentative suivie de succès, de se lancer sans hésitation dans la fabrication du poisson de haute mer, et d'abord de la morue.

Cette autre sorte de piscifacture est celle que nous appelons la *Piscifacture des espèces d'embouchure de fleuves* ou *Poissons*

---

(1) L. Vidal. — *Considérations sur la Pisciculture appliquée à la production des espèces marines comestibles.* — Marseille, 1886, p. 6.

(2) Vaillant. — *Rapport officiel sur l'Exposition Universelle de 1878.* (Classe 84, *Poissons*, etc.).

dits Anadromes (1). Elle a été inaugurée par les Salmonides, puis essayée, en 1867, par la Fish Commision des États-Unis, pour l'Alose (*Alosa prætabilis* et *Alosa sapidissima*), et plus tard pour le *Corégone blanc.*

Nous devons nous borner ici à cette simple mention, cette piscifacture rentrant évidemment dans le domaine de la pisciculture d'eaux douces, puisque c'est en eaux douces que les œufs éclosent ; mais il nous a paru indispensable de rappeler ces recherches pour des espèces vivant et allant à la mer, afin de bien faire comprendre qu'en réalité la hardiesse des savants américains avait une base pratique suffisamment solide.

Pour la piscifacture marine proprement dite, on commença par créer un modeste laboratoire à Gloucester en 1878, et on s'attaqua d'emblée à la morue, car, dans l'intervalle, on avait fini par soupçonner que cette espèce pouvait bien n'être pas aussi migatrice qu'on se plaisait à le répéter jadis. Cette année là, on fit éclore, dans un vulgaire hangar sur le quai de Gloucester, 1.550.000 morues (2). En 1879, il n'y eut pas d'éclosion (3) et en 1880 on ne travailla pas davantage.

Certainement, au début on tâtonna et l'on eut des déboires patents. Le contraire aurait été très étonnant! Mais bientôt le succès vint. Deux ans plus tard, les choses avaient suffisamment changé pour que le point de vue auquel on s'était placé jusqu'ici se fût modifié. On en vint même à admettre qu'il n'y avait pas de raison pour ne pas cultiver les mers d'une façon scientifique, comme on commençait à le faire pour les terres les plus ingrates, et on créa, aux Etats-Unis encore, en 1881, une seconde station de Piscifacture, à Wood's Holl, après avoir fait quelques essais infructueux à Provincetown (Mass.), dès 1879.

En 1881, à Wood's Holl, on fit éclore seulement 25.000 œufs (4). En 1882, on tenta des expériences d'éclosion à la station centrale de Pisciculture de Washington et à bord du « Fish Hawk ». On échoua dans les deux endroits (5). En 1883, pas d'éclosions.

Dans une lettre du 5 juillet 1883 le professeur Spencer Baird écrivait: « Nous ne faisons rien pour le moment, et nous ne ferons rien, tant que la station de Wood's Holl ne sera pas en état de nous permettre

(1) On appelle ainsi les espèces marines remontant plus ou moins haut, à un moment donné, à l'embouchure des fleuves et des rivières dans un but quelconque (Saumon, Alose, Lamproie, Esturgeon, etc.). Les Poissons *Catadromes* (l'Anguille seulement) sont au contraire des espèces d'eaux douces qui se reproduisent, dit-on, en eaux salées. Ils sont forcément vivipares ou ovovivipares, car l'eau de mer,—contenant naturellement du sel, —désorganiserait l'œuf (Millet, 1853).

(2) *Rapport*, 1878, p. 685-732.
(3) *Rapport*, 1879, p. XXXVII.
(4) *Rapport*, 1881, p. LII.
(5) *Rapport*, 1882, p. LXXX.

de commencer les opérations ». En 1884 également, pas d'éclosion. Wood's Holl n'a donc été en état de fonctionner qu'en août 1885.

En 1885, dans une lettre du 21 juillet, M. le professeur Baird écrivait à M. Dannewig (de Flœdevig) : « Malheureusement nous n'avons rien pu faire avec la morue, parce que l'eau était si trouble, par suite des travaux de draguage entrepris dans le voisinage, que nous n'avons pas pu soumettre le poisson à des expériences satisfaisantes. »

Par ce qui précède, on peut voir qu'en somme, avant le 1er juin 1886, les Américains avaient fait quatre expériences différentes et que les deux dernières avaient été des insuccès à peu près complets; les deux premières n'avaient guère été plus brillantes, le nombre total des éclosions n'étant que de 1.575.000.

En 1883 et 1884, on perfectionna l'installation de Wood's Holl et l'idée passa de l'autre côté de l'Atlantique. Elle a depuis fait peu de progrès en Europe, car, sur les six stations de Piscifacture marine qui existent à l'heure présente, quatre se trouvent en Amérique.

Pourtant, dès 1883, était créé en Norwège un établisement très important, celui de Flœdevig, qui en 1886 avait déjà produit 34.500 alevins, de sorte qu'il a été en somme la première piscifacture qui ait fait éclore du poisson de mer sur une vaste échelle. Les autres piscifactures d'outre-mer ne datent que de quelques années et celle de Dunbar vient à peine d'éclore.

LES ETABLISSEMENTS DE PISCIFACTURE MARINE.

Les établissements de Piscifacture marine, existant actuellement, sont au nombre de six. En voici la liste, par pays :

I. — Amérique du Nord. — A. *Etats-Unis* : 1er Gloucester (Mass.) (1878). — 2° Wood's Holl (Mass.) (1881). — B. *Terre-Neuve* : 3e Dildo (1889) 4e Bay View (1891).
II. — Europe. — A. *Norwège* : 5° Flœdevig (1883). — B. *Ecosse* : 6° Dunbar (1893).

A. — *Etablissements des Etats-Unis.*

Les stations de Piscifacture marine des Etats-Unis ont été fondées dans l'Etat de Massachussets, berceau du génie américain (*Fig. 1*). On les rencontre aux alentours de Boston, le centre intellectuel de la vieille Amérique, groupés sur cette côte sauvage et pittoresque, véritable Bretagne d'outre-mer, qui s'étend de Newport, le Dinard Yankee, à Portland dans le Maine ; là où des hommes audacieux ont appliqué aux diverses sortes de pôcheries les procédés d'exploitation intensive, qui ont fait la renommée des Américains du Far West en agriculture et de l'Est en matière d'industrie.

Fig. 1. — Carte des Établissements de Piscifacture marine existant aux Etats-Unis (Massachussets). — 1. Gloucester, première station créée. — 2. Provincetown, essais infructueux. — 3. Wood's Holl, station la plus importante actuellement.

1° *Gloucester.* — Des deux piscifactures des Etats-Unis, c'est celle de Gloucester, qui, comme nous l'avons signalé, est la première en date. Elle est due à l'initiative hardie et éclairée de la « Fish Commission », cet excellent organisme créé par le Gouvernement fédéral. Le nom de cette vaillante cité mérite d'être particulièrement retenu de tous ceux qui s'intéressent aux pêches maritimes. Il est devenu, en effet, le synonyme de pêcheries industriellement organisées et des plus fructueuses, en particulier pour la morue.

Gloucester est une petite ville pittoresque, chère aux artistes peintres, qui possède plus de 25,000 habitants. Au dire des guides, qui abusent un peu de cette locution, ce serait le plus grand port de pêches du monde entier ! En réalité, il n'abrite pas plus de 6,000 pêcheurs : ce qui est déjà un joli chiffre. Il est parfaitement exact, en tout cas, que ce port, sûr et spacieux, situé au fond d'une petite baie encadrée de grosses roches et découpée de criques nombreuses, où des transatlantiques siciliens viennent apporter du sel pour la salaison des poissons, possède de puissantes Compagnies qui s'y occupent des industries de la mer (1) et que sa Chambre de Commerce (*Gloucester Board of Trade*) est certainement une des mieux outillées, au point de vue scientifique, pour la défense des intérêts des pêcheurs.

Rien d'étonnant, dès lors, que la première Piscifacture marine ait été installée dans ce centre important en 1878, grâce à l'initiative de M. Spencer Baird. Dès cette époque, on s'y livra à la fécondation des œufs de Morue (*Gadus morrhua*) et d'Églefin (*G. œglefinu*); plus tard, on essaya du Hareng (*Clupea harengus*). Comme on le voit, les Américains ne craignirent pas de s'attaquer de suite à des espèces prétendues migratrices et de se lancer immédiatement dans la facture des poissons de haute mer.

Dès 1879 et 1880, on pêchait déjà, dit-on, dans la baie, des alevins de morue, qu'on reconnut à certains signes pour être nés au laboratoire en 1878 et les marins du pays leur donnèrent aussitôt la dénomination caractéristique et très honorifique de « Morues de la Commission. ».

2° *Wood's Holl.* — Wood's Holl, le seul établissement créé en Amérique, après la tentative de Provincetown qui n'aboutit pas, est aujourd'hui la plus importante station de piscifacture des Etats-Unis. Ce petit port, situé à 72 milles de Boston, à l'extrémité de la ligne qui dessert les iles pittoresques de Martha Vineyard et de Nantucket, à quelques kilomètres à l'ouest de Newport, possède également un Laboratoire de Biologie marine, très bien outillé, réservé exclusivement aux recherches scientifiques pures.

Nous n'avons pu recueillir que les renseignements très vagues rapportés plus haut sur les installations de cette piscifacture, créée

---

(1) Gloucester Isinglass and Gluc C°; Russia Cement C°, etc., etc.

en 1881 par Marschall Macdonald ; mais nous savons que d'importants essais y ont été tentés et qu'actuellement on y élève des quantités considérables d'alevins.

B. — Etablissement de Terre-Neuve.

3° *Dildo*. — C'est en 1889 que le Gouvernement de Terre-Neuve fonda, en face Dildo, dans une petite île de la baie de la Trinité, le troisième établissement de piscifacture du Nouveau Monde. (*Fig.* 2, 3, 4, 5, 6, 10, 11, 12, 19, 20, 21, 22, 23, 27, 28, 29). Dildo est un petit port de la côte Est de la baie, où l'on se rend par Broad Cove, station de la ligne de chemin de fer qui part de St-John. La direction de cette station a été confiée dès le début à M. Adolphe Nielsen, l'actif superintendant des Pêcheries; il la dirige lui-même encore à l'heure actuelle. M. Nielsen est norwégien ; jusqu'en 1890, il a été inspecteur des Pêcheries et assistant à Fenmark. Il a étudié à Flœdewig, avant d'aller s'installer à Terre-Neuve.

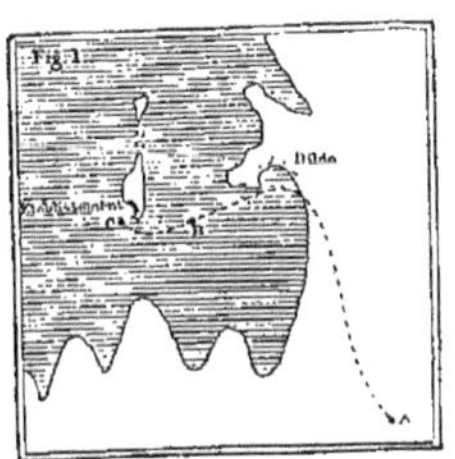

Fig. 2. — Carte de la partie de Terre-Neuve, où se trouve Dildo et l'établissement de piscifacture.

Fig. 3. — Vue d'ensemble du groupe d'îles placées en face de Dildo (Terre-Neuve), dans la baie de la Trinité. — La grande Ile, au centre, est celle où se trouve l'établissement de piscifacture. — Le groupe de maisons, à droite, représente Dildo.

En 1890, on inaugura à Dildo les opérations d'élevage par la morue ; puis on s'y occupa du homard avec un réel succès.

Cet établissement a été visité en 1894 par un médecin de la marine française, M. le docteur Géraud, et par M. le lieutenant de vaisseau de Kérillis ; mais la description, pourtant très circonstanciée, qu'ils ont publiée (1), montre trop qu'ils n'étaient pas suffisamment fami-

(1) Géraud et de Kérillis. — *La Pisciculture maritime : Le laboratoire de Dildo ; in-Bulletin des Pêches maritimes*, Paris, 1895, juillet, 353-370 (nombreuses figures). — La description des incubateurs à morue, en particulier, n'est pas suffisamment précise.

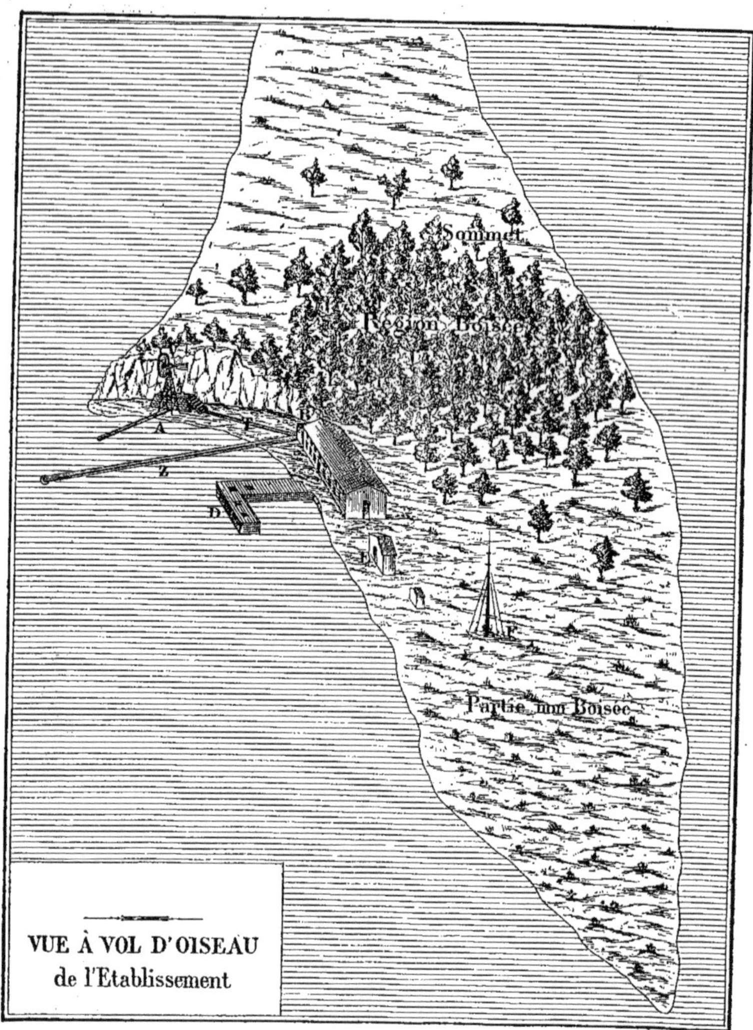

Fig. 4. — Vue à vol d'oiseau de la Piscifacture de Dildo. — *Légende :* A, bassin, et tuyau de prise d'eau; pompe mue par un moulin à vent V; B, machine à vapeur pour les pompes; C, laboratoire d'éclosions D, wharf; E, dépôt de charbon; F, mât de pavillon; T, conduite d'eau; Z, prise d'eau salée.

liarisés avec la nature des opérations qu'ils étaient chargés d'étudier et de faire connaître au public français.

Fig. 5. — Vue de l'établissement de Dildo, prise du point *B* (*Fig.* 2). — Aspect de la côte de l'île, du côté opposé au wharf (*Fig.* 4).

C. — *Etablissement du Canada.*

4° *Bay-View.* — En 1891, à son tour, le Gouvernement du Canada, créa, imitant ce qui avait été fait à Terre-Neuve, l'établissement de Bay-View (Picton County), dans la Nouvelle-Ecosse. On s'y livre surtout à la culture du *Homard*, car dans le voisinage se trouve un grand nombre de fabriques de conserves pour ce Crustacé ; il est sous la direction de M. Wilmot, super intendant de la pisciculture au Canada.

Fig. 6. — Vue d'ensemble de l'établissement de piscifacture de Dildo (Terre-Neuve), prise du point *C* (*Fig.* 2). — Vivier de ponte, moulin à vent, établissement, etc.

D. — *Etablissement de Norwège.*

5° *Flœdevig.* — En Europe, la première piscifacture marine a été construite en Norwège, non loin de Bergen, près d'Arendal, à Flœdevig (*Fig.* 7, 15, 19, 17, 18, 26), dès 1883, cinq ans après les essais de Gloucester, sur la proposition de M. G. M. Dannevig, qui depuis longtemps s'occupait en Norwège de la question, concuremment aux savants américains. M. Dannevig dirige encore, et avec le plus vif succès, ce remarquable établissement. On a appelé avec raison ce vaillant pionnier du progrès le père de la piscifacture marine.

C'est une Société privée d'Arendal qui en prit l'initiative, dans le but de se rendre compte s'il était possible de produire à des prix modérés de grandes quantités d'alevins des meilleures espèces de poissons de mer, à une époque où l'on avait déjà noté une diminution importante de la pêche de la morue et même un appauvrissement notable des pêcheries en général sur les côtes de Norwège.

La station commença à fonctionner en février 1884 et on débuta par la morue, comme aux Etats-Unis. Mais, comme M. Dannevig ignorait ou du moins connaissait encore mal ce qui avait été tenté à Gloucester et à Wood's Holl, comme on n'avait encore ni méthodes certaines ni appareils convenables, les mécomptes du début furent sérieux et fréquents.

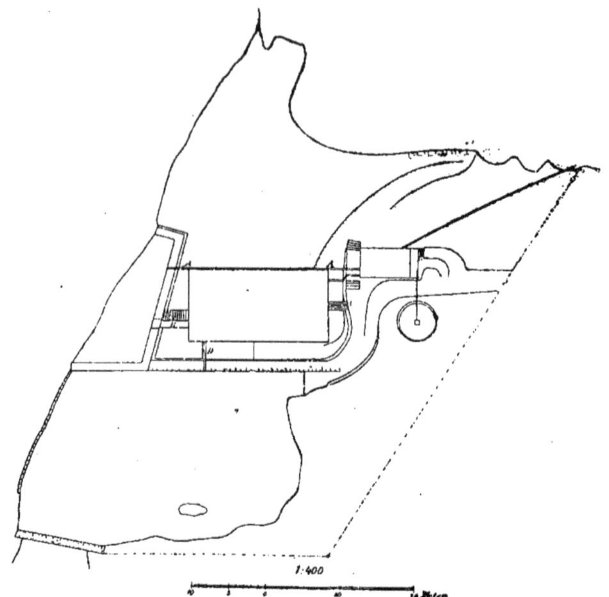

Fig. 7.— Plan général de la Piscifacture marine de Flœdevig (Norwège), créée par M. Dannevig. — *Légende :* A gauche de *AB*, vivier de ponte ; à droite de *AB*, au-dessus de *D*, salle d'éclosions ; à droite de la ligne *AA*, salle des machines et des pompes ; le petit cercle à droite de la figure correspond au moulin à vent ; le vaste espace, qui est au-dessous de *D*, est un grand bassin d'élevage ; en haut de la figure, le rivage de la mer.

Dans les mois d'été de 1884, on fit quelques expériences sur le homard, uniquement pour trouver une méthode appropriée à cette espèce ; mais ces dernières furent exclusivement scientifiques. Ce n'est qu'en 1885 qu'on fit éclore avec succès des œufs de homard, et M. Dannevig pense, avec raison, que c'était alors la première tentative qui ait jamais été réalisée pour ce Crustacé, car on ne s'en est vraiment occupé qu'en 1890, à Dildo. On peut donc dire que la *Homarifacture* est née à Flœdevig et qu'elle n'a été exploitée qu'ultérieurement par les Terre-Neuviens et les Canadiens.

En 1886, quelques essais furent tentés aussi avec le hareng et des poissons plats ; ils réussirent très bien.

En 1887, les sociétaires, qui, confiants dans l'enthousiasme de M. Dannevig, avaient supporté, jusqu'ici, la majeure partie des dépenses, pensèrent, avec juste raison, qu'une station de piscifacture marine, destinée à améliorer les pêcheries de tout un pays, devait être un service d'Etat ; ils se retirèrent donc en partie. On soumit au Gouvernement les plans et devis d'un nouvel établissement plus considérable; on proposa des perfectionnements aux appareils et une méthode absolument nouvelle pour recueillir les œufs ; mais les fonds ne furent votés qu'en 1889. Aussi les locaux ne furent-ils construits sur les nouveaux plans que cette année-là; ils étaient d'ailleurs achevés à la fin de 1889 et la station fonctionna d'après les nouveaux principes en 1890.

En 1892, de nouvelles recherches furent exécutées avec des œufs de homard; elles réussirent parfaitement et l'installation de l'établissement fut encore perfectionnée. Il fonctionne aujourd'hui régulièrement et produit désormais une moyenne de 300 millions d'alevins de morue (1).

Le résultat pratique de l'établissement de Flœdevig est très net et très remarquable : la morue augmente rapidement sur la côte méridionale de la Norwège, particulièrement là où les alevins sont jetés à la mer.

E. — *Établissement d'Écosse.*

6° *Dunbar.* — Les résultats obtenus aux États-Unis et en Norwège, de même que les recherches des naturalistes écossais, ont engagé récemment le *Fishery Board of Scotland* (Bureau des Pêches d'Écosse) à installer à Dunbar, sur la côte de l'Haddingtonshire, près de l'embouchure du Firth of Forth, un établissement de Piscifacture marine, établi d'après les plans de celui de Flœdevig et les idées de M. Dannevig (*Fig.* 8, 9, 13, 14, 24, 25).

Le site était admirablement choisi et de suite la station nouvelle, créée dans les meilleures conditions possibles, installée avec des appareils construits à Flœdevig sous la direction du célèbre piscifacteur norwégien et expédiés par bateau à vapeur en Écosse, se signalait par de superbes résultats, obtenus grâce aux recherches et aux travaux d'abord de M. Harald Dannevig, fils du directeur de Flœdevig, qui a conduit la première année les opérations, puis de M. Wemyss Fulton.

---

(1) Je dois ces renseignements précis à l'extrême amabilité de M. G. Dannevig lui-même et je suis très heureux de pouvoir lui exprimer ici, publiquement, avec mes remerciements, mes plus vives félicitations pour l'œuvre qu'il a entreprise.

Dans plusieurs notices des plus documentées, M. G. Roché (1), inspecteur général des pêches, a fait connaître en France l'installation de Dunbar. Je ne veux pas recommencer après lui l'histoire de cet établissement modèle, aujourd'hui le type du genre, d'autant plus que M. W. Fulton, le superintendant des pêcheries d'Ecosse, vient lui-même de compléter cette description dans une revue française, avec photogravures et plans à l'appui (2).

Je me borne à ajouter que cette station n'a pas, en dimensions, l'importance de celle de Flœdewig. Elle ne compte en effet que 16 appareils d'éclosion, contre 42 qui se trouvent à l'établissement norwégien. Le

Fig. 8. — Vue d'ensemble de l'établissement de Piscifacture Marine de Dunbar (Écosse).

prix de revient de l'appareil à éclosion, rendu sur navire et venant d'Arendal, port d'expédition, y a été de 165 livres.

Je signale en outre qu'on n'y cultive encore que le Carrelet ou Plie (*Pleuronectes platessa*), c'est-à-dire une espèce de rivage ; mais on a déjà fait des essais analogues pour la sole, le turbot, la limande, et même la morue (3).

(1) G. Roché. — *La culture du carrelet en Ecosse* ; in *Bull. de la Soc. centr. d'Aquiculture de France*, Janvier-Février 1895, p. 19-28. — *Le service des Pêches en Ecosse* ; in *Rev. scient.*, Paris, 1895, n° 17, 27 avril, 519-526.

(2) Wemyss Fulton. — *L'état actuel de la Pisciculture marine* ; in *Rev. gén. des Sc.*, Paris, 1896, mars 15, p. 240-248.

(3) A Plymouth, il y a bien un laboratoire, le laboratoire de la *Marine Biological Association*, où Cunningham a, dès 1871, étudié la production artificielle de la sole ; mais il n'y a rien là qui ressemble à une Piscifacture. On se borne simplement à des recherches d'ordre scientifique ; nous n'avons donc pas à insister davantage, quoique l'Angleterre ait l'intention arrêtée de suivre l'Ecosse dans la voie où elle s'est engagée à Dunbar.

DESCRIPTION D'UNE PISCIFACTURE MARINE.

SOMMAIRE. — Appareils de fabrication : Vivier de ponte ; filtre à œufs; salle d'éclosion et appareils incubateurs (Chester, M. Mac Donall, Dannevig). — Condition d'éclosions. — Elevage des alevins. — Lançage à la mer.

L'ensemble d'un établissement type de piscifacture marine (*Fig.* 5, 7, 8, 9) ne peut évidemment être décrit que d'une façon schématique. Pour pouvoir donner des détails précis et pour rester dans l'exacte vérité, il faudrait n'avoir en vue qu'une installation donnée et ne vouloir décrire qu'une station choisie à dessein.

Comme je ne puis passer ici en revue l'organisation intérieure des six établissements connus, je me bornerai à signaler brièvement les éléments principaux qui entrent dans leur constitution et qui servent à effectuer les trois opérations que j'ai mentionnées déjà, à savoir : 1º la *fabrication des alevins;* 2º la *culture des alevins* ; 3º le *lançage à la mer des alevins*. Actuellement, en effet, on n'élève pas encore en grand, en vivier, le poisson fabriqué.

I. — Piscifacture proprement dite (Fabrication des Alevins).

Pour obtenir des alevins, la première chose à faire est de se procurer des œufs. On peut y parvenir de plusieurs façons, qui, en réalité, se réduisent à deux.

1º RÉCOLTE A LA MER. — A). *Récolte des œufs.*—Lors des premiers essais de piscifacture, on alla au plus pressé, et, pour avoir des œufs, on n'hésita pas à les pêcher soi-même. On embarqua des employés du laboratoire à bord de bateaux de pêche et on les chargea de recueillir pour l'usine les œufs nécessaires. Ce système est évidemment un peu primitif; pourtant il donne des résultats, car tous les naturalistes savent combien il est facile par ce procédé d'obtenir une quantité énorme d'œufs, dont beaucoup sont fécondés. Il est actuellement encore employé à Dildo par M. Nielsen, quand il manque de reproducteurs dans son vivier de ponte.

B). *Récolte des reproducteurs.* — On fit mieux, ultérieurement, dans cette voie. On arma spécialement, pour cette récolte à la mer d'animaux reproducteurs, des navires aménagés d'une façon particulière. Aux États-Unis, à Gloucester, à Wood's Holl, ces bateaux

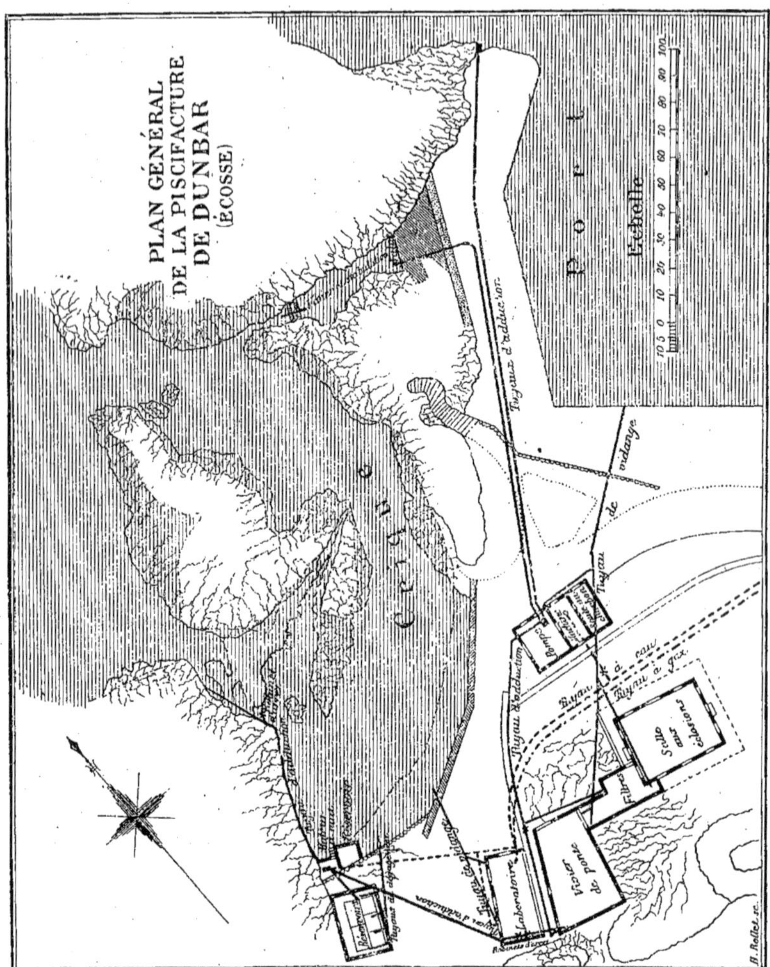

Fig. 9. — Plan général (Plan par terre) d'un *Etablissement de Piscifacture marine* (Dunbar). — Le *Vivier de Stabulation*, situé au milieu de la figure vers la droite, renferme le les poissons destinés à la reproduction. La grande crique, réprésentée à la partie médiane et supérieure de la figure, doit être clôturée pour conserver les jeunes poissons quelque temps après leur éclosion (*Vivier d'Elevage*). Les constructions qui l'entourent vers la gauche constituent les laboratoires de la piscifacture, où s'opèrent la *ponte*, la *fécondation* et l'*incubation*.

laboratoires rendent encore chaque année de grands services. Tel le *Grampus,* gréé en goëlette, qui est un voilier de 80 tonneaux ; tel le *Fish-Hawk,* vapeur aménagé surtout pour une autre pisciculture, celle des poissons de l'entrée des fleuves (Alose, etc.). .

A Dildo, M. Nielsen utilise des *réservoirs,* en forme de doris, fermés et percés de trous (*Fig.* 10), où il recueille au large les reproducteurs qui ultérieurement sont placés dans les viviers de ponte. Un bateau du laboratoire ou les bateaux pêcheurs remorquent ces doris.

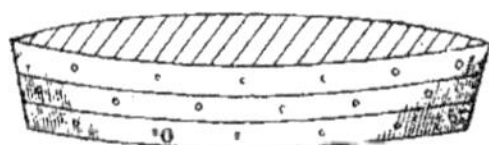

Fig. 10. — Doris fermé employé à Dildo pour le transport des morues adultes.
Légende : G, trous par où pénètre l'eau de mer et où elle circule.

M. Canu, qui a étudié cette question dans le travail que nous avons cité, a décrit longuement l'organisation et le fonctionnement de ces bateaux-laboratoires ; nous n'y reviendrons pas.

Ajoutons seulement que, lorsqu'on se procure des œufs à la mer, comme on ne sait s'ils sont fécondés, il est souvent nécessaire de procéder à une *fécondation artificielle.* Cette opération est parfaitement possible pour les poissons de mer, comme pour ceux d'eaux douces. L'expérience directe l'a déjà prouvé ; et la plupart des piscifacteurs y ont eu recours, au moins au cours de recherches scientifiques. Rien n'est plus facile en effet que de se procurer à l'époque du frai des mâles et des femelles adultes et de féconder les œufs avec de la laitance. On peut opérer dans l'eau de mer, suivant les procédés habituels de la pisciculture d'eaux douces ; mais il vaut mieux recourir à la méthode russe ou sèche (Wrassky, 1875), c'est-à-dire en vase vide, car jusqu'ici c'est elle qui a donné les meilleurs résultats.

En pratique, la plupart du temps, il est inutile de recourir à cette fécondation artificielle, opération toujours longue. Il est préférable, là encore, de laisser faire la nature. Pour cela, il n'y a plus à recourir à la capture en mer de reproducteurs mâles et femelles, vivant à l'état libre, mais bien à l'emploi de viviers de ponte, où l'on n'a à récolter seulement que les œufs pondus par des femelles grainées en présence de mâles, dont la laitance suffit pour les féconder.

On évite ainsi la fécondation artificielle, qui présente toujours des aléas ; et il est certes préférable, quand on le peut, d'utiliser ces bassins artificiels. C'est ce qui existe à Flœdewig, à Wood's Holl, à Dildo (*Fig.* 11), et à Dunbar (*Fig.* 13, 14), station de fondation très récente où tous les perfectionnements connus ont été réalisés. On a employé d'abord ce système à Flœdevig dès 1890, même pour la morue.

2° Viviers de Ponte. — Les animaux reproducteurs, mâles ou femelles, sont placés dans ces réservoirs, appelés *viviers de ponte*, qui doivent être aussi vastes que possible. On les nourrit avec des poissons congelés à l'état frais pendant l'hiver, et en particulier avec du hareng conservé en glacière, industrie qui fleurit aux Etats-Unis en particulier (1).

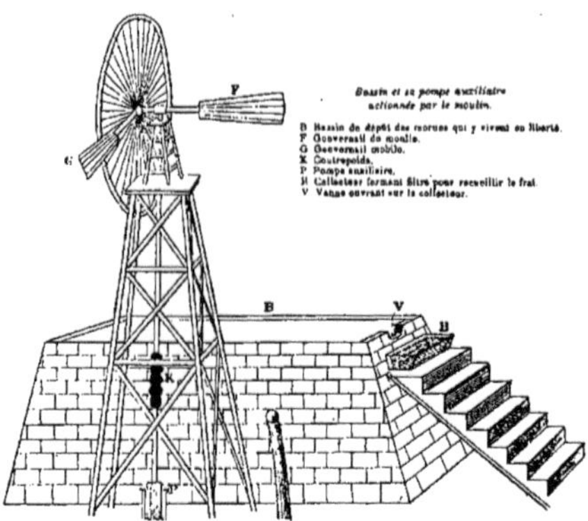

Fig. 11. — Vivier de Ponte, un peu primitif, de Dildo, avec son filtre à œufs et sa pompe auxiliaire, actionnée par un moulin à vent, à la mode américaine.

Le vivier de ponte, désormais indispensable et dont l'idée revient bien nettement à M. Dannevig, doit être placé à un niveau plus élevé que les autres pièces de la Piscifacture pour permettre l'écoulement facile des eaux. Le fond est bétonné et les parois cimentées. Il doit être couvert par une toiture mobile à chassis vitré (*Fig.* 14), disposé pour obtenir l'obscurité, car il est parfois nécessaire de le transformer en chambre noire. Disons, à ce propos, qu'on pourrait employer, en la perfectionnant, une disposition comparable à celle qu'on utilise dans les marais salants artificiels de Syracuse, aux Etats-Unis, pour les protéger des eaux douces.

L'eau de mer y est amenée par une pompe à vapeur à la partie supérieure ; mais elle doit pouvoir y pénétrer à tous les niveaux possibles : ce qui s'obtient facilement à l'aide d'ajutages (tuyaux de suppléance). Un tuyau de vidange se trouve à la partie inférieure ;

---

(1) A Dunbar, il y a en outre un *vivier* soumis à l'action des marées, où l'on parqué les poissons en dehors du moment de la ponte. C'est un *Vivier de Stabulation*. A Dildo, il y a aussi des *Réservoirs à poissons* dans le wharf (*Fig.* 12).

RÉSERVOIRS A POISSONS.

Fig. 12. — Le wharf de Dildo (Terre-Neuve) et ses 4 réservoirs à poisson.

mais d'ordinaire le trop plein s'écoule par le haut, du côté opposé à l'arrivée de l'eau. Et là se trouve l'appareil qui collectera les œufs.

Dans le vivier de Dunbar, à une certaine distance du fond, se trouve un *plancher de bois*, à *claire-voie*, sur lequel les femelles pondent (*Fig.* 13). C'est là un l'appareil de ponte, qui est, on le voit, très simple.

Un espace restreint est extrêmement favorable à la reproduction des animaux du vivier ; mais il ne faut pas oublier cependant que ce bassin doit avoir des dimensions suffisantes pour permettre à ses hôtes d'y vivre sans encombre.

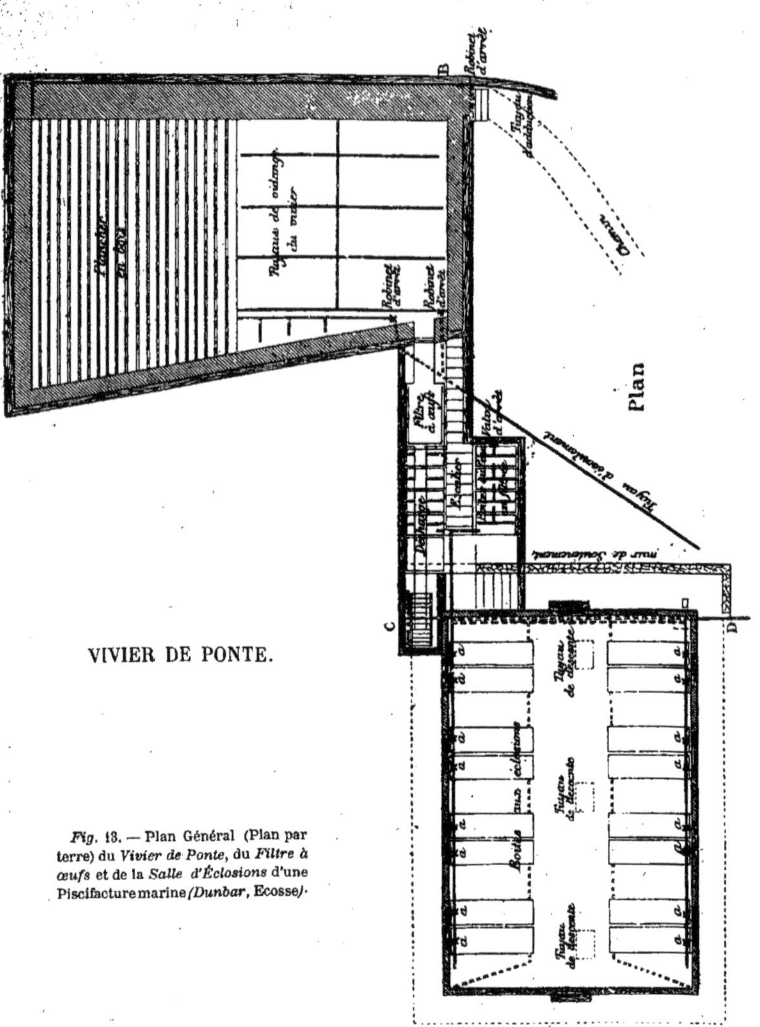

Fig. 13. — Plan Général (Plan par terre) du *Vivier de Ponte*, du *Filtre à œufs* et de la *Salle d'Éclosions* d'une Piscifacture marine *(Dunbar*, Ecosse)·

On obtient ainsi, dans le réservoir, une reproduction parfaitement

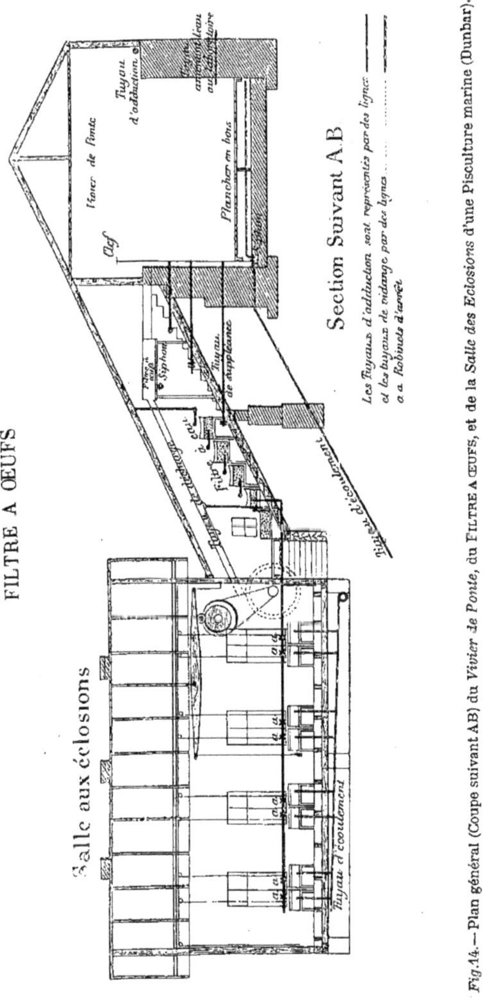

Fig. 14. — Plan général (Coupe suivant AB) du *Vivier de Ponte*, du FILTRE A ŒUFS, et de la *Salle des Éclosions* d'une Pisciculture marine (Dunbar).

naturelle, puisque la *ponte* et la *fécondation* s'y font d'une façon absolument normale et spontanée. Il ne reste plus qu'à recueillir les œufs fécondés; ce qui s'obtient à l'aide de l'*appareil collecteur d'œufs*, placé à l'endroit que nous avons indiqué (*Fig.* 11, 13, 14 et 16).

3° FILTRE A ŒUFS.— A Dunbar (*Fig.* 13 et 14), c'est une boîte de bois rectangulaire, disposée horizontalement hors du bassin, ayant deux mètres de long, 1ᵐ 30 de large et 45 centimètres de profondeur, réunie au vivier par un couloir également en bois (1). L'eau qui s'y engage avec les œufs s'écoule par une rigole de dégagement qui la conduit sur une roue à palettes. Dans cette boîte est un chassis mobile en bois, faisant saillie au-dessus de l'eau, ouvert du côté du vivier et fermé sur ses côtés. Son fond est garni d'un treillis en étamine ; autour du chassis est un espace libre. Les œufs fécondés sont arrêtés par ce dispositif. C'est là qu'on les recueille quand on veut les faire éclore, après les avoir *nettoyés* et *comptés*, opérations complémentaires trop spéciales pour être décrites ici.

4° SALLE D'ECLOSIONS.— *Appareils Incubateurs.*— Une salle spéciale, très aérée, abondamment pourvue de lumière, renferme les *Appareils à incubation*, qui constituent le fondement de toute piscifacture. Ceux-ci varient suivant les stations et on a dû en inventer de spéciaux pour les poissons de mer (*Fig.* 13, 14, 15, 16, 17, 19, 20, 24, 25, 26).

Les appareils de cette salle sont actionnés par une machine, ordinairement placée dans un bâtiment spécial (*Fig.* 7), qui consiste en une *pompe à vapeur* (Dunbar, *Fig.* 8) ou un *moulin à vent* (Flœdevig, Dildo), destinés à amener l'eau de mer et à la distribuer aux incubateurs. Cette eau de mer est en outre parfois *filtrée* par des appareils spéciaux (*Fig.* 13 et 14).

a) Cônes. — Aux Etats-Unis, on s'est servi tout d'abord, à Gloucester, des *cônes* utilisés pour la culture de l'alose. C'étaient de simples réservoirs coniques où l'on mettait les œufs. L'eau de mer y pénétrait par le sommet du cône placé en bas, remuait les œufs, et s'écoulait par la partie supérieure. Malheureusement, les œufs de poissons de mer, et en particulier de morue, étant beaucoup plus légers que ceux de l'alose, cet appareil ne donna que de mauvais résultats. On dut y renoncer.

b) Appareil Chester. — C'est alors qu'on utilisa l'*Appareil du Capitaine Chester*, le *Cod Box*, qui a été décrit en France à différentes re-

(1) Dans le établissements où l'on ne manie que l'eau de mer, tous les gros appareils doivent être *en bois*, comme dans les marais salants de Syracuse, et les ferrures des bâtiments, de même que les instruments de précision, en nickel ou en bronze étamé. A cause de la rouille, le fer est inutilisable.

SALLES D'ÉCLOSIONS.

Etablissement de Piscifacture marine de Flœdevig (Norwège).

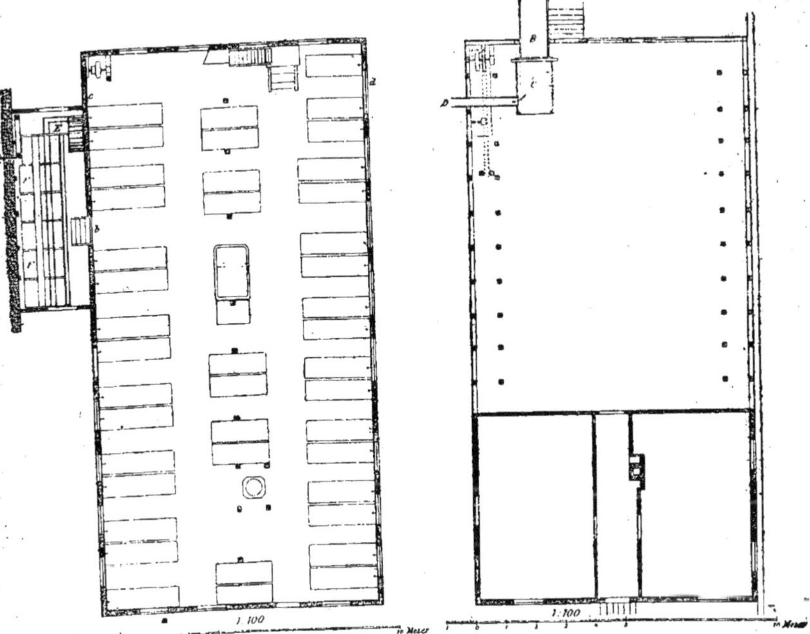

Fig. 15. — Plan du rez-de-chaussée. Salle d'Eclosions de Flœdevig.

Le rectangle à double filet, qui est au centre de la figure, correspond à un aquarium. — Les appareils Dannevig sont sur les parties latérales.

Fig. 16. — Plan du premier étage.

En bas et à gauche, cabinet de travail du zoologiste ; en bas et à droite, *contor*. En C, collecteur d'œufs.

prises, en particulier par M. Raveret-Wattel. C'est ce système qui, en 1893, était encore utilisé à Dildo par Nielsen ; mais, de cette époque, l'habile pisciculteur possédait déjà des incubateurs plus ou moins analogues à ceux dont M. Dannevig, son maître, se servait en Norwège depuis plusieurs années, comme on peut le voir sur la *Fig.* 19, qui représente la salle des éclosions de Dildo.

SALLE D'ÉCLOSIONS.

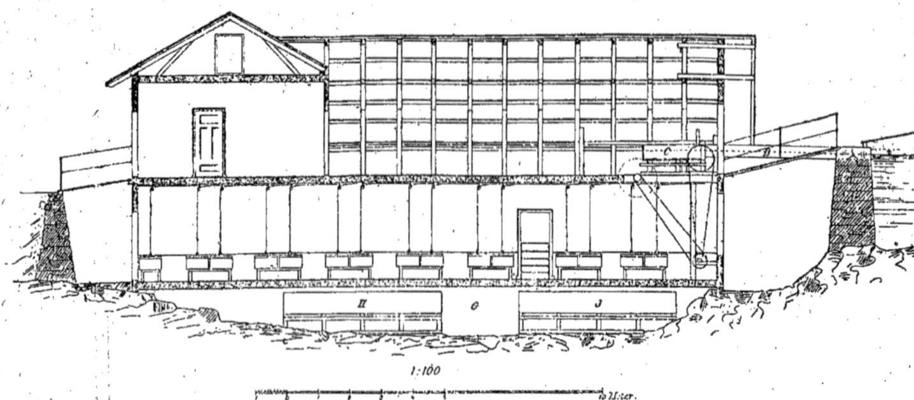

Fig. 17.—Salle des éclosions de la Piscifacture de Flœdevig. —(Coupe verticale des divers étages).— A droite, *Bassin*. — Sous-sol, rez-de-chaussée, 1ʳᵉ étage.

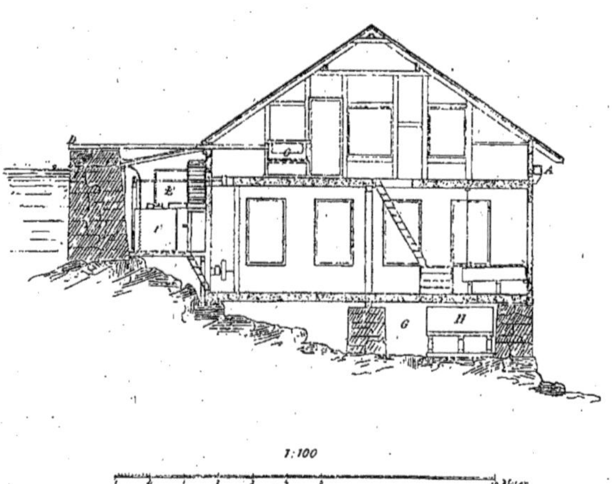

Fig. 18. — Salle des Eclosions de Flœdevig (Coupe perpendiculaire à l'axe). — A gauche de *D, Bassin de réserve.*

SALLE D'ÉCLOSIONS.

Fig. 19. — Salle des Éclosions de l'établissement de Dildo (Terre-Neuve).— *Légende :* A, appareils incubateurs en auges; B, bocaux d'éclosion (*Appareils de Chester*); S, tuyaux de circulation de l'eau de mer; F, tuyaux servant au passage de l'eau d'une caisse dans l'autre; M, récipient pour le transport du frai; Y, tuyaux d'écoulement des eaux. — A droite de la figure (empruntée à MM. Géraud et Kérillis), on voit des *appareils analogues à ceux de Dannevig,* sur lesquels les auteurs ci-dessus n'ont donné que des détails insuffisants. (Il est probable que M. Nielsen a fait des essais avec ces derniers appareils).

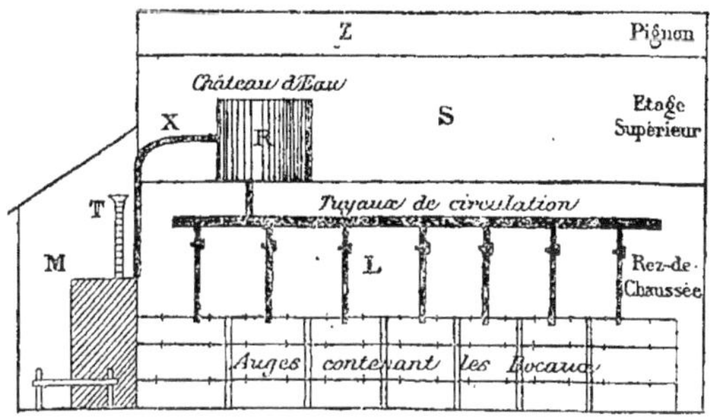

Fig. 20. — Distribution de l'eau dans la salle des éclosions de Dildo.—*Légende :* M, Machine de pompage, pour l'alimentation du château d'eau R, d'où partent les tuyaux de circulation pour les incubateurs du rez-de-chaussée L. S, appartements divers situés à l'étage supérieur.

Voici la description de l'un des modèles du Capitaine Chester, d'après M. Gobin (1), qui lui-même la donne d'après le travail de M. Raveret-Wattel (*Fig.* 21, 22 et 23).

Il consiste en un seau cylindrique, en métal, de 0ᵐ 50 de diamètre sur 0ᵐ 65 de hauteur, percé de quatre ouvertures verticales et rectangulaires également espacées entre elles, de 0ᵐ 07 de largeur, régnant depuis le fond jusqu'à 0ᵐ 15 du bord supérieur, et garnies, chacune, d'une fine toile métallique comme le fond même du seau. A l'intérieur de celui-ci, le long de chaque ouverture, se trouvent des ailes en fer blanc, disposées sous un certain angle de façon à s'avancer

APPAREILS INCUBATEURS.

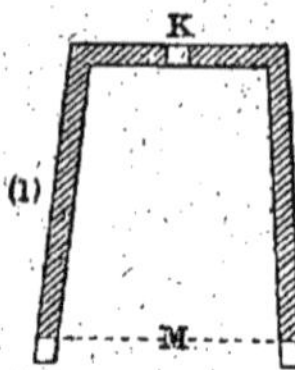

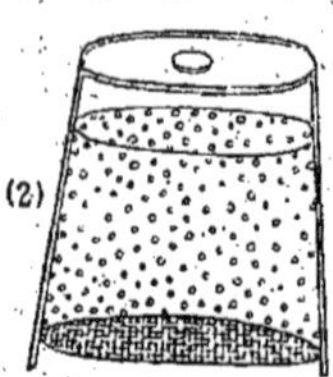

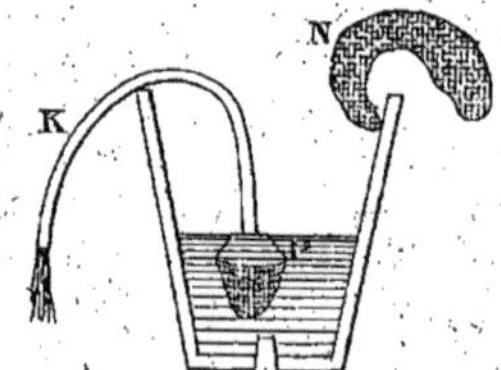

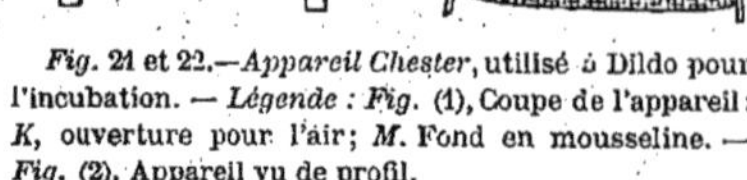

Fig. 21 et 22.—*Appareil Chester*, utilisé à Dildo pour l'incubation. — *Légende : Fig.* (1), Coupe de l'appareil : *K*, ouverture pour l'air; *M*. Fond en mousseline. — *Fig.* (2), Appareil vu de profil.

Fig. 23. — Nettoyage d'un appareil Chester à Dildo. Changement de l'eau qu'il contient.— *Légende : K*, siphon; *P*, pomme munie de mousseline; *N*, mousseline relevée pour permettre l'entrée du siphon.

sur l'ouverture contiguë, et dans une inclinaison opposée à celle de l'aile qui fait face. Ce cylindre étant immergé, lorsqu'on le fait tourner assez vivement sur son axe, l'eau tend à y pénétrer par deux des ouvertures et à en sortir par les deux autres. Sous le fond en toile métallique du seau, est assujettie une sorte d'hélice en fer blanc dont les quatre ailes sont inclinées de telle sorte que, quand le cylindre tourne, elles exercent sur l'eau une pression qui la projette à l'intérieur. Ajoutons que le seau, plongé presque jusqu'à son sommet dans un bac d'eau courante, est monté sur un pivot; qu'il porte, à son centre, un arbre muni d'une poulie sur laquelle passe une courroie actionnée par un moteur ; si bien que l'appareil est animé d'un mouvement régulier de rotation qui détermine, dans l'intérieur, des courants convergents grâce auxquels les œufs, continuellement agités, sont constamment ramenés vers le centre.

L'Appareil Chester a été modifié par plusieurs zoologistes, entr'autres M. Cunningham (de Plymouth) ; et, dans les livres et articles de journaux, on en trouve des descriptions qui ne concordent pas toutes.

D'après M. Fulton (2), l'appareil de Chester, actuellement employé

(1) *La Pisciculture en eaux salées*. — Paris, 1894.
(2) Fulton. — *Loc. cit.*

en particulier au laboratoire de la *Marine Biological Association*, est « essentiellement, constitué par un bassin ou auge, au milieu duquel sont placées, suspendues sur des cloisons *ad hoc*, six ou

Fig. 24. — La salle d'Éclosions de la Piscifacture de Dunbar (Écosse). — On voit, à droite, à côté des fenêtres, les appareils Dannevig.

huit grandes jarres de verre ; chacune de ces jarres pouvant contenir 500 mille à 1 million d'œufs de morue. Ces jarres sont renversées et leur ouverture est recouverte d'un morceau de toile fine, tandis

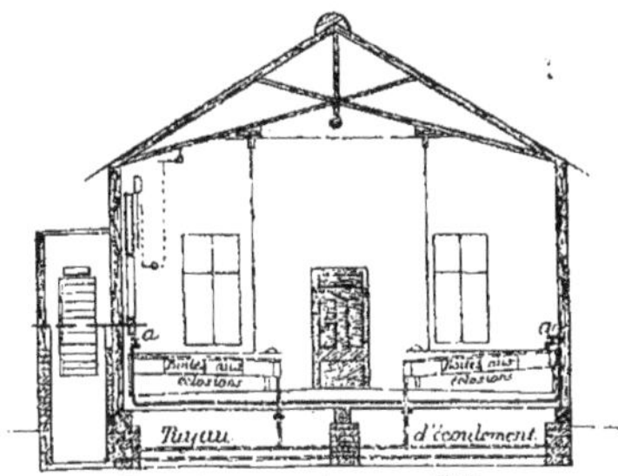

Fig. 25. — La *Salle des Éclosions* (Coupe verticale suivant C D) à la Piscifacture marine de Dunbar. — Installations du sous-sol. Alimentations des appareils à éclosions Dannevig par le tuyau *a*. — Tuyaux d'Écoulement.

qu'au sommet se trouve un trou permettant l'entrée de l'air. C'est par cet orifice aussi qu'on introduit les œufs fécondés. Par un côté, l'eau pénètre dans l'auge et s'écoule de l'autre par un siphon à calibre plus large que le tuyau d'arrivée. Le tout est disposé de telle sorte que, dans cette auge, il existe un mouvement de marée qui est celui auquel sont soumis les œufs flottant dans leurs conditions naturelles. Ce mouvement est obtenu par l'amorçage et le désamorçage successifs du siphon d'écoulement. »

APPAREILS INCUBATEURS

Fig. 26. — Salle d'Eclosions de la Piscifacture marine de Flœdevig (Norwège). — Appareils de M. Dannevig. (D'après une photographie inédite, due à l'obligeance de M. Dannevig).

Tous les piscifacteurs attribuent à ces oscillations de l'eau une importance considérable. Sans eux, il n'y aurait pas d'éclosion rapide et d'ailleurs la mortalité augmenterait en très forte proportion.

c) Actuellement, à Wood's Holl, l'appareil à incubation utilisé est l'*Appareil de M. Marshall Macdonald*.

« Cet appareil consiste, d'après M. H. de Varigny (1), en un enton-

(1) H. de Varigny. — *Loc. cit.*, p. 299.

noir en verre, relié par un tube au fond d'un seau voisin. Une conduite amène constamment de l'eau dans ce seau, et elle passe en partie dans l'entonnoir, l'un et l'autre formant vases communiquants. Une fois l'eau arrivée à un certain niveau dans le seau et l'entonnoir, un siphon placé dans le seau s'amorce automatiquement et vide le seau jusqu'à un niveau réglé par la longueur de la petite branche du siphon. Le seau se remplit de nouveau jusqu'au niveau de jonction des deux branches, et les œufs, dans l'entonnoir, s'élèvent et s'abaissent avec l'eau qui est nécessairement renouvelée d'une façon rythmique.

Cet appareil, qui est utilisé en Amérique depuis 1889, à Wood's Holl en particulier, et qui donne de bons résultats n'est évidemment qu'un perfectionnement des cônes à aloses, de celui de Chester et des divers modèles essayés dès le début à Gloucester.

d) A Flœdevig (*Fig.* 26) et à Dunbar, on se sert désormais des *Appareils Dannevig*, dont le fonctionnement est très remarquable et qui sont certainement supérieurs à tous ceux qu'ont employés les Américains. Pour les utiliser, on les place dans un vaste hall, abondamment pourvu de larges fenêtres, car il doit régner dans la salle une clarté très grande (*Fig.* 13, 14 et 25).

D'après M. Roché (1), à Dunbar, « chaque appareil consiste en une boîte rectangulaire, en bois, ayant 2^m 50 de longueur, 65 centimètres de largeur et 30 centimètres de profondeur ; elle est divisée en deux séries de sept compartiments étanches par une cloison longitudinale et dix cloisons transversales ; le premier et le dernier compartiment de chaque série (cases des extrémités) sont étroits et n'ont que 7 centimètres de largeur. C'est dans les autres compartiments que sont disposées les boîtes à éclosion qui contiennent les œufs.

Chacune de ces boîtes a environ 30 centimètres dans toutes ses dimensions, l'épaisseur de sa paroi de bois est d'environ 2 centimètres et son fond est muni d'un treillis de crin, assez fin pour empêcher les œufs de s'échapper sans entraver toutefois le libre cours de l'eau. Les boîtes sont attachées au sommet des cloisons transversales au moyen de charnières en cuir ; et, quand l'appareil est plein d'eau, leur extrémité libre flotte. Les appareils avec leurs dix boîtes sont placés par paire de chaque côté de la pièce et posés sur des tréteaux, de telle sorte qu'ils soient inclinés du mur vers le milieu de a salle.

L'eau est amenée des pompes dans une série de filtres placés entre le vivier de ponte et la salle d'incubation ; puis un système de tuyaux, l'amène au niveau de chaque appareil où, avec une force que l'on règle à volonté, elle tombe dans le compartiment étroit le plus voisin du mur ; de celui-ci, elle passe dans le compartiment voisin qu'elle remplit ; c'est alors qu'elle se fraye un passage au travers du tamis inférieur de la boîte à éclosion contenue dans cette case et qui a été pourvue d'œufs ; de cette boîte elle passe dans le compartiment sui-

____
(1) Roché. — *Loc. cit.*

M. BAUDOUIN   3

vant, etc.... ; quand elle a circulé dans tout l'appareil, un tuyau de vidange la rejette au dehors.

Comme il a été dit, les boîtes à éclosion reposent sur un côté ; dès que les compartiments sont remplis, le bord libre de chaque boîte flotte, puis s'élève d'environ 6 à 8 centimètres au-dessus du niveau de l'eau. Le courant qui monte du fond vers la surface est insuffisant, en réalité, pour maintenir les œufs dans de bonnes conditions de répartition par rapport à la masse liquide. Aussi une des particularités de la méthode norwégienne est-elle d'opérer d'une façon parfaite le brassage des œufs, en abaissant brusquement l'extrémité flottante des boîtes. Ce but est atteint au moyen du dispositif suivant.

Une tige de fer galvanisé de 2ᵐ 20, passant sur la ligne médiane de chaque appareil, fixée sur l'extrémité proche du mur de la salle et mobile autour de son point de fixation, est munie de cinq pièces transversales reposant chacune sur le bord libre d'une boîte à éclosion. L'ensemble est lesté de telle façon qu'il maintient ces boîtes complètement submergées. On conçoit que si, par un moyen quelconque, on arrive à soulever et à laisser retomber vivement la tige de fer médiane, les boîtes seront ainsi périodiquement enfoncées avec rapidité et les œufs qu'elles contiennent brassés dans le courant liquide. »

Conditions d'éclosion. — Certaines conditions sont indispensables pour que l'éclosion se fasse bien. C'est ainsi que l'eau de mer employée doit être extrêmement pure, sans matières boueuses en suspension, sans mélange avec des eaux douces (1). On a eu, aux débuts, à Gloucester, entre autres, des déboires pour n'avoir pas tenu compte de cette nécessité. Il faut donc que les tuyaux d'amenée partent du large et que l'eau soit captée très loin du bord et à la plus grande profondeur possible, l'eau de fond étant deux fois plus salée que l'eau de surface. Pour pouvoir la purifier, à Dunbar, on a installé des filtres spéciaux (*Fig.* 13 et 14); mais, avec la pureté des eaux en cet endroit, il n'y a que lorsque les vents soufflent du large qu'il est indispensable d'y avoir recours. Il faut également tenir compte du poids spécifique de l'eau employée.

La température joue aussi un rôle considérable. Mais le degré nécessaire varie suivant l'espèce à cultiver ; c'est ordinairement 5 degrés pour la morue. Il faut aussi tenir compte de la maturité des œufs, quand on les place dans les appareils à éclosion. Les premiers pondus ne valent pas ceux du milieu ni de la fin.

Comme on n'opère guère qu'en hiver (2), le *froid* gêne beaucoup.

La récolte des œufs est difficile et on blesse les reproducteurs au moment où on les saisit: la mortalité est grande et sur les œufs et sur les poissons.

(1) Ce qui se comprend, puisque la *ponte naturelle* a lieu *au large,* en pleine mer.
(2) La Morue et le Carrelet, principales espèces cultivées jusqu'ici, ne se reproduisent en effet qu'en décembre, janvier et février. La Sole est un peu plus tardive.

Mais toutes ces précautions ne sont pas impossibles à prendre, et, avec un bon outillage, on arrive aujourd'hui à obtenir des larves à vésicule ombilicale complètement résorbée dans des conditions parfaitement acceptables.

Rendement en Alevins. — Le tableau suivant nous montre quels progrès ont été accomplis à ce point de vue. On verra, en le consultant, que le nombre d'alevins obtenus par rapport à celui des œufs mis à l'éclosion, est de plus en plus favorable.

TABLEAU DE RENDEMENT EN ALEVINS (1878-1894).

ANNÉES	NOMBRE D'ŒUFS	ESPÈCES	STATIONS	NOMBRE D'ALEVINS OBTENUS	RAPPORT
1878	9 millions	Morues	Gloucester	1 million 550 m.	»
1880	—	»	Wood's Holl	25.000	»
1885	15 —	»	Wood's Holl	2 millions	»
1886-87	43 —	»	Wood's Holl	22 millions	50 °/₀
1889-90	47 millions 500 m.	»	Gloucester	15 millions	30 °/₀
1890-91	67 millions	»	Gloucester	19 millions	30 °/₀
1890-91	67 —	»	Wood's Holl (1)	36 millions	50 °/₀
1890	60 —	»	Flœdevig	50 millions	80 °/₀
1893	309 millions	»	Dildo	201 millions 435 m.	65 °/₀
1893	602.244.000	Homards	Dildo	567.353.000	80 °/₀
1894	27.250.000	Carrelets	Dunbar	26.060.000	96 °/₀

Ainsi, en 1893, M. Nielsen est arrivé à 65 0/0 pour la morue et il espère, sous peu, atteindre de 70 à 90 0/0.

Le résultat obtenu pour le homard est, il n'est pas besoin d'insister, extrêmement satisfaisant. De même pour le carrelet, pour lequel on a obtenu à Dunbar un rendement de plus de 95 0/0. En réalité, dans cette station, la mortalité n'atteint plus que 4,4 0/0. C'est superbe ; et cela tient, sans nul doute, à l'excellence de l'installation et à l'espèce de poisson cultivée.

II. — Elevage des Alevins (Pisciculture proprement dite).

Resterait maintenant à élever ces alevins et à les mener jusqu'à un développement tel qu'ils puissent résister victorieusement aux causes naturelles de destruction. Mais, pour la plupart des poissons pélagiques, malgré les essais qui ont été tentés dans ce sens, on n'a pas cru devoir aller jusque-là dans la pratique journalière.

---

(1) Gloucester, mal outillé et surtout mal approvisionné en eaux pures, ne paraît pas pouvoir dépasser 30 °/₀, tandis que Wood's Holl semble se maintenir aux environs de 50 °/₀.

A Wodd's Holl, en 1889, on a pu nourrir, avec du jus de Lamelli-branches divers, jusqu'au 22ᵉ jour, 70.000 alevins ; cependant on n'a pas pu continuer, croyons-nous, plus longtemps, avec une quantité aussi considérable.

En 1886, à Flœdevig, quelques alevins de morues furent placés dans un étang construit à cet effet ; on les y conserva trois ans et ils atteignirent la taille de 22 pouces (68 cent.). M. Harald Dannevig, à Dunbar, vient de réussir à conduire des alevins de *Plie* jusqu'au stade où ces alevins deviennent dissymétriques.

On est en somme absolument parvenu à fabriquer, non seulement des alevins, mais de *jeunes poissons*, qui, immergés, ont évidemment plus de chance de se développer en mer que de petites larves dont la vésicule vient de disparaître.

La chose est donc possible, mais pour un petit nombre de poissons seulement, à moins d'opérer dans de vastes espaces marins clos, alimentés comme il convient, et sur des espèces de rivage, voie sur laquelle insiste M. W. Fulton (1).

En tous cas, on a renoncé, jusqu'à présent du moins, pour les espèces de haute mer, comme la morue, à ces tentatives d'élevage en grands viviers clos, qu'on pourrait appeler *Viviers d'élevage* (2). On s'est dit, avec juste raison, qu'en réalité il était inutile pour l'instant de perdre du temps et de l'argent à cette culture et qu'il valait mieux, toujours au point de vue économique, s'en tenir à la fabrication pure et simple, à condition bien entendu que l'on produisît une quantité très considérable de larves (3).

Celles-ci obtenues, il n'y a plus, en l'espèce, qu'à les jeter à la mer. Très certainement, un grand nombre d'entre elles y prospéreront, comme elles l'auraient fait si elles étaient écloses naturellement au sein des eaux marines. D'un autre côté, beaucoup succomberont évidemment ; mais, si l'on en a fabriqué un nombre très considérable, il en restera toujours suffisamment pour repeupler les régions de pêche.

C'est cette opération qui a reçu le nom de *transplantation en mer* ou *lançage de l'alevin*.

III. — Lançage de l'Alevin à la mer.

On y procède, de plus ou moins bonne heure, avec des appareils particuliers. M. Nielsen utilise des récipients en tôle, munis d'un entonnoir

(1) Il faut les nourrir avec le produit de pêches pélagiques au filet fin.

(2) On se propose d'en installer un à Dunbar (*Fig.* 9), dans la *grande crique*, placée au bas des laboratoires.

(3) A notre avis, pour qu'on puisse réussir à élever le petit poisson, il faudra disposer à la côte de viviers de dimensions énormes ; il doit falloir en effet, pour chaque jeune individu, une quantité considérable d'eau, c'est-à-dire d'espace libre.

et contenus dans un baquet en bois à deux anses. Le récipient est fermé inférieurement par de la mousseline ; c'est sur cette mousseline que reposent les larves *(Fig. 27)*.

Il est préférable d'attendre que les larves aient acquis tous les organes nécessaires à leurs mouvements et à leur nutrition. M. Nielsen les élève, quand il s'agit de morue, jusqu'au 17e jour. A Dunbar, on jette à la mer les alevins de carrelet, quand ils ont sept millimètres de long.

Fig. 27.—Récipient pour le transport des larves de morue, utilisé à Dildo pour le lançage à la mer. — Légende : M, fond en mousseline.

La difficulté consiste à bien choisir le lieu d'immersion de ces alevins. Il faut tenir compte de la densité, de la pureté et de la température de l'eau de mer, au point où s'opèrera le lançage. A l'aide de flacons spécialement agencés, on peut déverser les alevins à la profondeur voulue pour trouver les conditions physiques exigées. Evidemment le bateau-laboratoire des Américains rend, dans cette dernière opération, de précieux services.

RÉSULTATS ÉCONOMIQUES.

Sommaire. — Nombre d'alevins fabriqués. — Résultats généraux obtenus. — Dépenses de premier établissement et frais d'exploitation.

Nombre d'alevins fabriqués. — La quantité d'alevins transplantés chaque année dans les eaux marines a varié, bien entendu, avec l'importance des stations, le nombre des reproducteurs, les intempéries des saisons, les ressources dont on a disposé, le personnel employé, etc. En se rapportant au tableau que nous avons donné précédemment, on verra que le nombre en a augmenté très rapidement pour chaque établissement.

A Dunbar, en une saison et avec une installation récente, on a pu obtenir 27,250,000 œufs fécondés et 26,060,000 alevins pour 390 reproducteurs.

A Wood's Holl, dans la saison de 1894-95, on a obtenu 175 millions de larves (poissons et homards), dont 50 millions pour la morue, 2 millions pour l'églefin, 2 millions pour le *Pseudo-pleuronectes americanus*, et 75 millions pour le homard.

En 1893, à Dildo seulement, plus de 700 millions de larves ont été mises à la mer.

Evidemment, ces chiffres sont déjà considérables. Pourtant, il ne faut pas se dissimuler que, pour repeupler d'une façon véritablement efficace les côtes ravagées, il faudrait lancer des milliards d'alevins de toutes sortes.

Résultats obtenus. — Comme l'a écrit M. Roché, les résultats de Dunbar sont indiscutables et superbes. Au dire de M. Dannevig, ceux de Flœdevig sont non moins excellents. On peut donc affirmer que la production de l'alevin de poisson de mer est aujourd'hui assurée d'une façon précise, que la Piscifacture marine est entrée désormais dans la période de réalisation pratique. Reste à nous demander quels résultats généraux ont fourni jusqu'ici les sommes consacrées à cet élevage.

Pour répondre à cette question capitale, il nous suffira, à défaut de statistiques précises, impossibles à obtenir, de faire connaître les conclusions qu'émettaient récemment les piscifacteurs les plus compétents, MM. W. Fulton, Nielsen et Dannevig.

Pour le homard, à Terre-Neuve, dit M. Nielsen, la pêche de 1893 a été de 20 à 25 %, d'une façon générale, supérieure à celle de 1892.

Et, sur certaines parties des côtes, elle a été jusqu'à 50 et 100 fois plus considérable qu'à l'époque où l'on ne fabriquait pas ce Crustacé.

De son côté, M. Dannevig, à Flœdevig, terminait une note manuscrite, qu'il nous a récemment adressée par ces seuls mots, plus que suggestifs :

« En somme, le résultat de l'œuvre entreprise en Norwège est que la morue augmente rapidement sur la côte méridionale, particulièrement là où les alevins ont été semés (1). »

Je n'ai rien à ajouter à ces consolantes constatations ; c'est la récompense la plus grande que pouvaient souhaiter ces deux hardis pionniers de la Piscifacture marine.

Dépenses. — Dès maintenant, on doit se demander à quelles dépenses peuvent entraîner des exploitations de ce genre. Elles sont bien moins considérables qu'on pourrait le supposer, ainsi qu'on s'en rend compte en relevant les chiffres fournis par les rapports de ces établissements.

1° En ce qui concerne les *frais de premier établissement*, c'est-à-dire la construction des locaux et l'installation des appareils, nous savons que Dildo n'a coûté que 20,000 francs et il y a quelques années on y fabriquait plus de 700 millions d'alevins en une seule saison ! On n'a dépensé à Bay-View que 25,000 francs ; à Flœdevig, que 20,000 francs.

A Dunbar, seulement, ce chiffre a atteint 40,000 francs ; il est vrai qu'il s'agit là d'une piscifacture modèle, pourvue de tous les récents perfectionnements. On le voit, avec un capital de 50,000 francs, ce qui est peu, on pourrait, en France, faire aussi bien et peut-être mieux encore qu'à Dunbar.

2° Les *frais d'exploitation* sont plus difficiles à relever d'une façon certaine. On ne compte à Dunbar qu'une dépense de 800 francs par mois, soit 9 à 10,000 francs par an, pour le matériel. Il faut certainement y ajouter le salaire des employés et les honoraires des directeurs.

A Flœdevig, la dépense annuelle, tout compris, ne dépasse pas 12,500 francs ; ce qui est peu. A Bay-View, installation plus modeste, on s'en tire avec 7,500 francs. A Dildo, la dépense est bien plus élevée ; on y atteint 15,000 francs d'honoraires.

A Wood's Holl, le coût des opérations, au dire du docteur Tarleton H. Beard, reviendrait actuellement de 65.000 à 75.000 francs par an. Remarquons seulement que nous sommes aux Etats-Unis, où tout travail se paie largement, et aussi qu'à la Piscifacture proprement dite est annexé un laboratoire de recherches scientifiques.

(1) Dès 1886-1888, M. Dannevig avait noté un léger accroissement de la morue sur les côtes de Norwège.

V.

ESPÈCES PISCIFACTURÉES.

SOMMAIRE. — Piscifacture de la Morue, du Homard et du Carrelet. — Autres tentatives restées infructueuses : hareng, etc.

I. — *Gadifacture (Morue).*

Parmi les poissons de mer, c'est la Morue (*Gadus morrhua*), y compris l'Eglefin (*Gadus eglefinus*), qui a été surtout l'objet de tentatives prolongées de la part des établissements pratiques(1) de Piscifacture.

Les recherches ont, en effet, débuté par cette espèce à Gloucester (1878), où on en fabrique encore ; dans cette station, on obtenait en 1878, 1,550,000 alevins ; et à Wood's-Holld, en 1884, 25,000 seulement. En 1890-1891, on arrivait au chiffre de 19 millions. Aujourd'hui, on fabrique presque partout de la morue ; il n'y a qu'à Dunbar où l'on ne se consacre pas à l'élevage de ce poisson. A Wood's Holl, en 1890-1891, on a produit 36 millions d'alevins ; à Dildo, en 1893, plus de 200 millions. En Norwège, la Piscifacture de Flœdevig a travaillé la morue avec constance et succès.

Voici le relevé de production pour deux des principaux établissements, qui s'occupent de cette espèce.

(1) Ce sont MM. James Milner et Ewans Earl qui, les premiers, ont étudié la Morue au point de vue piscicole, et fait, après O. Sars, les premiers essais *scientifiques* de Gadifacture. Ils recoururent d'abord à la fécondation artificielle d'après la méthode russe. La ponte de la Morue dure neuf mois et l'œuf a en moyenne un peu plus d'un millimètre de diamètre (0^m0012-0016). L'aspect est gélatineux et transparent ; il n'y a pas de globule huileux. La densité est de 1,020, c'est-à-dire qu'ils sont un peu plus égers que *l'eau de mer* (1,0258) et flottent à la surface. La durée de l'incubation varie de 13 à 51 jours. Tout dépend d'ailleurs de la température. On élève d'ordinaire la morue à 7° et même à 5°. L'*alevin*, à l'éclosion, est transparent ; il a 5 millimètres ; il flotte le ventre en l'air, faisant de temps en temps quelques sauts. Il nage par à coups au bout de deux jours. La vésicule vitelline est résorbée au quinzième jour, quand l'incubation a lieu comme d'ordinaire. Les larves sont très robustes. On peut les conserver en vivier ; à Flœdevig, on en a élevé jusqu'à l'âge de 3 ans. Mais, pour pouvoir les obtenir *adultes* en grande quantité, il faudrait des *viviers d'élevage de dimensions énormes*. Une morue de 10 kil. fournit trois millions d'œufs.

1° Piscifacture de Flœdevig.

	ANNÉES	ALEVINS DE MORUES OBTENUS	REMARQUES ET PRIX DE REVIENT par mille.
Etablissement privé.	1884	7 millions	1 fr. 35
	1885	27 millions 500	
	1886	32 millions 500	0 fr. 40 c.
	1887	32 millions 500	le mille.
	1888-1889	Pas d'éclosions	»
Etablissement d'Etat.	1890	200 millions	Œufs détruits.
		50 millions	»
	1891	193 millions 600	0,06 c. le mille
	1892	208 millions	»
	1893	240 millions	»
	1894	200 millions	»
	1895	85 millions	Froids rigoureux.
	1896	327 millions	0.033 c.

2° Piscifacture de Dildo.

Années	ALEVINS DE MORUES OBTENUS
1890	17.000.000
1891	39.850.000
1892	165.254.000
1893	201.435.000
1894	221.500.000
Totaux	645.039.000

En somme, pour la morue, dès maintenant les Américains sont distancés par les Norwégiens et l'établissement de Terre-Neuve. Les quelques essais tentés, en petit d'ailleurs, à Dunbar, n'ont eu jusqu'ici qu'un intérêt scientifique.

11. — Homarifacture (Homard).

On a tenté la culture du homard d'abord à Woods'Holl et dans quelques homarderies de la côte de Terre-Neuve. Dès 1884, on fit quelques essais de *Homarifacture* à Flœdevig, où, en 1885, on obtint des alevins, qu'on garda jusqu'au deuxième mois. En Norwège, on fit quelques éclosions à nouveau en 1892, avec un réel succès, puisque la mortalité des larves ne dépassa pas 5°/₀ ; mais on n'a pas persisté dans cette voie. Actuellement on fait du homard à Bay-View, au Canada, et surtout à Dildo (1) ».

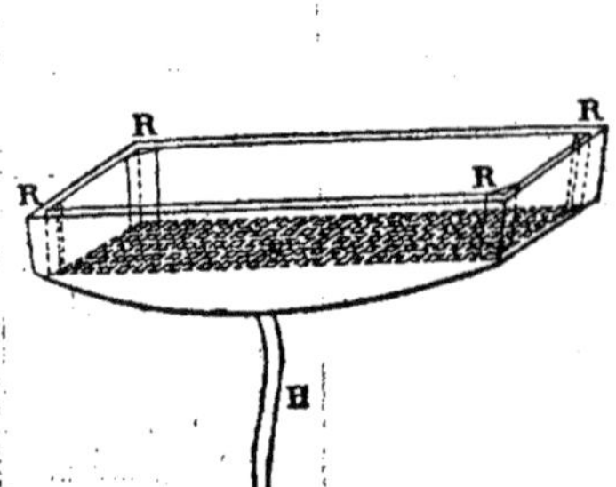

Fig. 28. — Incubateur flottant de M. Nielsen pour Homarifacture (Schéma). — *Légende :* H, tube en caoutchouc par où passe l'eau de mer ; R, petites cheminées pour faciliter la circulation de l'air ; S, toile de mousseline servant de support aux œufs.

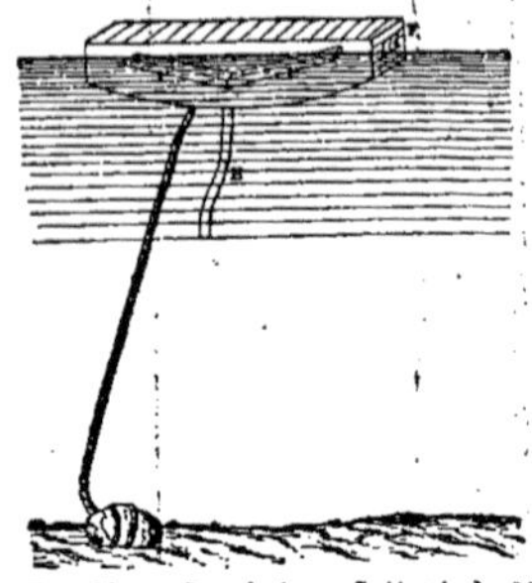

Fig. 29. — Incubateur flottant de M Nielsen pour Homarifacture.—L'appareil est en place et fixé au fond de l'eau par un gros bloc de pierre. — *Légende : H,* tube en caoutchouc par où pénètre l'eau de mer ; F, fenêtre garnie de mousseline ; P, P, plans inclinés destinés à transmettre à l'ensemble les mouvements reçus par les petites lames de la surface des eaux.

A Terre-Neuve, comme nous l'avons mentionné déjà, on obtient des résultats presque étonnants. En 1893, en effet, à l'aide de 26.036 reproducteurs (*Homarus américanus*), on a pu recueillir 602.244.000 œufs, qui ont donné 517.353.000 alevins.

C'est que depuis longtemps l'embryologie du homard américain est bien connue et que M. Nielsen, l'infatigable directeur de Dildo, s'est attaché avec un soin tout particulier à la culture rémunératrice de ce Crustacé depuis 1890. Il a même inventé un appareil spécial à cet élevage, qu'on appelle l'*Incubateur flottant* de Nielsen (*Fig.* 28 et 29), qui dispense d'une salle d'éclosions spéciale. L'*incubation* par ce procédé a lieu *à la mer* même.

C'est une caisse en bois blanc, de 1ᵐ25 sur 0ᵐ30 de large et

(1) Il a existé jadis à Stavanger (Norwège) une Société, faisant de la reproduction artificielle des Homards (Gobin, *loc. cit.*, p. 255) ; mais nous n'avons pu nous procurer aucuns renseignements sur cette tentative.

0 m 20 de profondeur, à fond courbe, muni en dehors de deux aile-
rons, qui facilitent aux flots le moyen de les bercer d'une façon
continue. On fixe les incubateurs à l'aide d'ancres, qui sont repré-
sentées par de grosses pierres. L'eau de mer pénètre par un tube en
caoutchouc dans cette caisse dont le fond est pourvu, à quelques centimètres, d'une toile métallique, et c'est sur cette toile que sont placés les
œufs fécondés. L'incubateur est fermé par un couvercle et construit
avec la grossièreté qui convient aux objets devant séjourner longtemps
à la mer. Cet incubateur flottant de Nielsen, dont le prix de revient ne
dépasse pas quinze francs, est très apprécié à Terre-Neuve, où plus de
six cents sont en pleine activité. Utilisés depuis 1890, ils ont permis
d'obtenir des alevins en quantité colossale. Depuis 1894, M. Nielsen
n'emploie plus que ces appareils et a abandonné l'élevage du
homard à la piscifacture, trop dispendieux.

Au dire de M. Nielsen, la homarifacture est plus appréciée des
pêcheurs terre-neuviens que l'élevage de la morue : ce qui se comprend
assez, ce Crustacé étant en somme une espèce de rivage et ses larves
d'une résistance beaucoup plus considérable que celles des poissons
les plus robustes.

Voici d'ailleurs le tableau de la production de larves de homards à
Dildo de 1889 à 1894.

Homarifacture de 1889 à 1894.

Piscifacture de Dildo.

Années	PISCIFACTURE ELLE-MÊME.	INCUBATEURS FLOTTANTS.	TOTAUX
1889	4.039.000	»	4.039.000
1890	15.070.800	390.934.000	406.004.800
1891	10.274.200	541.195.000	551.469.200
1892	2.500.000	427.285.000	429.785.000
1893	1.095.000	517.353.000	518.448.000
1894	»	463.890.000	463.890.000
Totaux..	32.979.000	2.340.657.000	2.373.636.000

III. — *Piscifactures diverses.*

1° *Pleuronectes.* — *Carrelets.* — Les Pleuronectes sont fabriqués à Wood's Holl et surtout à Dunbar. — Dès 1884, on tenta la culture des œufs de Carrelet à Flœdevig et on obtint deux millions d'alevins ; mais on s'est borné à ces essais. A Dunbar, par contre, on s'est consacré presque exclusivement au Carrelet (*Pleuronectes platessa*), après avoir essayé du turbot, de la sole, de la limande. Nous n'insistons pas sur cette culture, bien connue chez nous depuis les publications de M. M. Wemyss Fulton et G. Roché.

A Wood's Holl, on s'est occupé plus particulièrement du *Pseudo-pleuronectes americanus*, espèce voisine du Carrelet.

2° *Hareng.* — Le *Clupea harengus* (Hareng) a été utilisé pour la piscifacture à Gloucester. En 1886, on a imité cet exemple à Flœdevig, mais, jusqu'à présent, on peut dire qu'aucune tentative sérieuse n'a été faite pour cette espèce, d'un intérêt évidemment moins important pour l'élevage que les poissons de rivage.

VI.

CONCLUSIONS ET DESIDERATA.

Sommaire. — Nécessité de s'intéresser en France à la piscifacture marine. — Tentative faite par M. le Pr Perrier à St-Vaast-la-Hougue. — Vœu à émettre à ce sujet au Congrès international des Pêches maritimes des Sables-d'Olonne en 1896.

La Piscifacture marine a fait *scientifiquement* ses preuves. Et pourtant il a fallu qu'une puissance maritime de premier ordre, telle que la France, qu'une des nations les plus en renom pour la valeur de sa flotte, qu'un pays où les industries de la mer jouent un rôle très important, ait été devancée dans cette voie — je ne dis pas par l'Amérique, mais par la Norwège et l'Ecosse, — pour que l'on daigne s'occuper chez nous d'une découverte d'un intérêt vraiment exceptionnel pour les pêches maritimes !

De tels faits se répètent trop souvent dans le domaine scientifique pour que les hommes, qui ont à cœur le bon renom de la Patrie, n'insistent point de toutes leurs forces sur ces pénibles constatations et n'attirent point l'attention des pouvoirs publics sur ces lacunes regrettables.

Avant de terminer cet exposé de la situation, dans laquelle se trouve actuellement la pisciculture marine à l'étranger, je ne puis oublier de mentionner que, dans le laboratoire maritime de St-Vaast-la-Hougue, que dirige M. le Professeur Perrier, une installation piscicole complète a été créée, cette année même, sur le modèle de la Piscifacture de Dunbar ; malheureusement elle n'a pu encore fonctionner, faute de ressources pécuniaires.

Cet établissement sera surtout destiné à nous fournir des indications techniques précises sur les conditions dans lesquelles devront être tentées les expériences d'aquiculture marine, que la France ne saurait manquer de généraliser un jour. Entreprise avec les seules ressources de son laboratoire, l'œuvre de M. Perrier comprend néanmoins tous les perfectionnements apportés dans ces dernières années à la technique piscicole et en particulier les appareils Dannevig. L'installation est imitée de celle de Dunbar. Les travaux entrepris sous la direction de ce savant seront certainement fructueux. Puisse l'exemple qu'il donne être salutaire et inciter le Gouvernement à se préoccuper d'une question qu'ils ont jusqu'ici dédaignée, semble-t-il !

Ce n'est pas le lieu de récriminer contre ceux qui, désintéressés de tout ce qui est tenté à l'étranger, laissent doucement la vieille Routine suivre la voie paisible qu'elle parcourt depuis de longues années.

Mais, à l'indifférence, peut-être forcée, de l'Administration, on doit opposer les conseils éclairés que ne cessent de donner aux pouvoirs publics des personnalités bien connues, fonctionnaires ou savants compétents et zélés.

Consulté sur ce sujet, le Comité des Pêches maritimes a émis un avis entièrement favorable à l'application des méthodes aquicoles.

Arrivé au terme de cette longue revue, je n'ai pas d'autres conclusions à présenter. Oui, il nous faut entrer à notre tour, en France, dans la voie si féconde qu'a illustrée déjà le génie pratique des Américains. Mieux vaut tard que jamais. Mais, peut-être, devant l'impuissance du Budget de la Marine, obéré pour longtemps encore, hélas ! aurions-nous plus de chance de réussir en nous adressant franchement, à l'initiative privée, quoique les établissements de Piscifacture marine, travaillant pour la nation entière, doivent être des fondations d'Etat.

Mais, je m'empresse de le reconnaître, le moment n'est pas encore venu d'aborder le problème par ce côté de la question.

Les tentatives de pisciculture marine, qui ont été faites jusqu'ici à l'étranger, ont porté sur des espèces comestibles qui présentent peu d'intérêt pour les pêches françaises. Chez nous, en effet, c'est vers la production de la sôle, du turbot, de la barbue, etc., surtout, qu'il faudrait diriger nos efforts.

Or, les conditions biologiques de ces animaux sur les diverses parties de notre littoral sont encore insuffisamment connues et les conditions pratiques de leur élevage ne sont pas encore élucidées. Enfin, on ne saurait établir une piscifacture, au hasard, sur les rivages marins. Des conditions précises sont requises pour le succès des opérations aquicoles maritimes. Il faut que les eaux dans lesquelles se produisent les éclosions d'œufs et les élevages d'alevins soient très pures, très denses, abritées contre les vents régnants, etc.

Des études techniques très sérieuses doivent donc être exécutées par des naturalistes au courant de ce genre de questions, avant que l'on puisse songer à réaliser des ensemencements sur les fonds de pêche.

Sans être très coûteuses, ces recherches nécessitent cependant des frais que nos laboratoires maritimes sont incapables de supporter. Il faut aussi leur consacrer un temps que la plupart des jeunes naturalistes sont obligés d'employer actuellement à des travaux qui servent plus directement à leur carrière.

Dans ces conditions, je ne puis conclure qu'en invitant l'Assemblée à émettre le vœu que le Gouvernement Français veuille bien se préoccuper de faire exécuter les recherches scientifiques nécessaires, afin que l'on puisse tenter des essais de repeuplement sur nos fonds appauvris et qu'il consacre à ces travaux les quelques milliers de francs qui leur sont indispensables pendant trois ou quatre années.

Pour tous les hommes de progrès, en effet, il vaut mieux, quand la chose est possible, pousser à la production intensive par les procédés scientifiques qu'essayer de se défendre par des moyens protecteurs, qui sont souvent, il est vrai, d'un emploi facile, mais qui ne donnent plus fréquemment encore qu'une sécurité relative et trompeuse.

TABLE DES MATIÈRES

M. BAUDOUIN

TABLE DES FIGURES

— 51 —

TYPOGRAPHIE

EDMOND MONNOYER

LE MANS (Sarthe)

www.ingramcontent.com/pod-product-compliance
Ingram Content Group UK Ltd.
Pitfield, Milton Keynes, MK11 3LW, UK
UKHW021628090726
13657UKWH00004B/1528